생각을 움직이는 초등생 독서 방법

생각을 움직이는 초등생 독서 방법

오정심 지음

마음세상

들어가는 말

이 책은 초등학생 부모라면 아이의 독서 방법을 어떻게 실질적으로 도움을 줄 수 있을지에 관한 내용으로 다양한 정보를 담아내고 있다.

학생이나 부모가 이 책에 담긴 독서 방법들을 효율적으로 이끌어 낼 수 있도록 그 학년의 상황에 맞게 방법들을 나열한 것이다.

책 읽는 방법을 엄마가 아이에게 어떻게 역할을 해주느냐에 따라 아이의 미래는 더 멀리 내다볼 수 있을 것이고 비전을 가진 아이로 성공하는 삶을 살 수 있을 것이다. 좋은 부모가 되기 위해서는 책을 무조건 많이 읽으라고 강요하기보다는 책 읽는 방법, 즉 독서 방법을 아이의 재능과 눈높이에 맞게 설정해야 한다. 미래에 아이가 하고 싶은 일에 맞추어 그와 관련된 서적을 비롯하여 다른 비슷한 연계된 책으로 독서할 수 있도록 이끌어주어야 한다.

부모는 자녀의 진가를 알아보고 훌륭한 조언자 역할을 하면서 부모가 자녀와 함께 독서하는 방법을 찾아내서 아이 자신이 원하는 방향으로 지적 호기심과 탐구심을 키워주는 것이 올바른 교육의 한 부분이라고 생각한다.

학문의 즐거움은 아이가 관심 있는 분야를 스스로 즐기면서 배우고 습득해 가면서 어떻게 책을 읽고 그 방법들을 자신이 하고자 하는 수업과 연결시켜 나가는 것이 좋은지 알아가도록 만들어가는 것이 중요하다. 즐겁게 책을 읽고 독서하는 방법을 통해 은연중에 꿈도 찾고 창조하는 기쁨, 배우는 기쁨, 자신을 좀 더 깊이 들여다볼 수 있고 책에서 즐거움을 발견하고 지혜를 쌓아가는 보람을 얻을 수 있을 것이다.

내가 이 책을 쓰는 것은 아이의 눈높이에서 바라보면서 아이가 관심 있는 분야의 독서 방법으로 성공시킨 경험을 바탕으로 쓴 것이기에 아이들을 좀 더 멀리 보고 행복한 꿈을 꾸고 이루도록 하고자 제시한 것이다.

누구나 하고자 하는 일을 이룩하고 실현하기 위해서는 독서가 기본이라는 것은 다 알고 있다. 그래서 어려서부터 책 읽기를 강조하고 습관처럼 책을 읽기를 권한다.

그러나 수동적인 책 읽기는 효과가 없다. 아이가 능동적으로 읽고 그 책을 통해 지식을 습득하고 수업과 연결시키는 방법을 스스로 터득하도록 부모가 독서하는 방법을 이끌어주어야 한다. 인생을 살아가는 데 있어 독서의 힘은 필요하면서도 중요하다.

이 글을 읽게 되면 부모랑 아이들은 이 책 속에 들어있는 독서의 방법을 이해하게 될 것이고 나름 자신들이 어떻게 그 방향의 변화를 이끌어 갈지 알게 될 것이다.

아이들이 독서의 방법을 통해서 새로운 아이디어를 얻게 될 것이고, 호기심과 탐구 정신이 높아지면서 다양한 정보와 자료를 모으면서 그 분야에 맞게 연계된 방식으로 스스로 방법을 찾아 지식을 쌓게 될 것이다.

이 책은 초등학생 부모와 아이들을 대상으로 쓴 것이며 아이들의 독서하는 방법을 돕기 위해서 실질적으로 도움이 되는 정보를 주기 위해 쓴 것이다. 그래서 가능한 한 전체 내용을 이해하는 데 도움이 되도록 독서하는 방법을 구성하여 아이들이 지식을 넓힐 수 있도록 만들었다. 부모가 아이의 독서 방법을 함께 공유하고 책 속의 방식을 토대로 책의 지식을 쌓아 가는데 협력자가 되어준다면 아이는 스스로 올바르게 학습하면서 성장할 것이다.

이 책은 내가 20년 이상 아이들의 독서 교육 방법을 진행하면서 큰 효과 있었던 것을 바탕으로 집필하게 됐다.

이 책을 통해 많은 초등학생 부모와 아이들에게 도움이 되었으면 하는 희망을 갖는다.

제6장 명문가의 독서 방법 (조선시대 명문가 독서 방법)

제7장 독서 능력 업그레이드

제1장

책 읽는 습관이 중요하는 것이 아니라
방법이 중요한 이유
그리고 책 분야별 선정 방법

초등학교 1~2학년까지 책을 좋아하게 하는 방법

초등학교 입학 직후부터 2학년까지는 아이들의 사고력이 매우 엉뚱하면서도 아주 순수한 결정체를 지니고 있다. 대부분의 부모들은 유치원 때부터 자신의 아이가 책을 좋아한다고 생각한다. 그래서 책을 세트로 구매한 후 책꽂이에 가득 꽂아둔다. 그 과정에서 아이 본인보다 부모가 그 만족감에 더 흐뭇해한다. 그러고는 아이의 독서하는 습관을 길들이기 위해 이 책 저 책 보여주고 읽히면서 아이가 책에 관심을 가지면 왠지 독서하는 천재가 될 거라는 착각을 대부분 하게 된다. 그래서 독서 천재가 되는 방법의 정보를 여기저기서 모아 아이가 책을 좋아할 수 있도록 만드는 데 시간을 들인다. 아이는 그때까지 순수한 결정체 같은 생각을 지니기 때문에 부모가 책 읽는 자신의 모습을 대견해하고 흐뭇해하면서 가끔 선물을 사주거나 하고 싶은 놀이를 할 수 있게 해준다는 사실을 알고 있다. 아이는 그런 부모의 행동을 보고 억지로라도 책을 읽으면 부모가 기뻐한다는 것을 매우 잘 인지하게 된다. 그래서 부모님이 보는 앞에서는 더 열심히 책을 읽는 모습을 보이기도 한다. 그런 모습을 본 부모는 아이가 잠들기 전에 일부러라도 책을 읽어주거나 아니면 아이가 책을 읽고 자는 습관을 만들어주려고 애쓴다. 물론 아이의 성향에 따라 진짜로 책을 좋아할 수도 있고 아니면 억지로 부모 앞에서 좋아하는 척할 수도 있을 것이다. 현명하고 지혜로운 부모는 아이의 성향을 파악하여 눈높이에 맞게 아이를 충분히 바라보고 독서 방법을 찾아서 아이에게 도움을 줄 수 있는 방향으로 이끌어주어야 한다. 아이가 독서를 무조건 습관처럼 하기보다는 창의적인 사고의 폭을 넓힐 수 있는 독서 방법을 터득하도록 해주는 것이 부모의 역할이다.

문제는 아이가 로봇처럼 자기 전에 책을 읽는 습관은 무의미할 수도 있다는 것이다. 그렇다면 지금부터 아이가 책 읽는 습관보다는 책 읽는 방법을 통해 어떻게 지식을 얻게 되고 사고력을 키워나가는지 알아보기로 한다. 몇 가지 방법론을 예를 들어 설명해 보기로 한다.

독서란 아이가 책 읽는 방법을 통해 연관된 지식을 하나하나 재미있게 엮어나가는 것이 중요하다. 그래서 분야별로 몇 가지 예를 들어보면 다음과 같다.

첫째, 고전 동화 중 외국 동화 「미녀와 야수」와 우리나라 동화 「효녀 심청」을 같은 맥락으로 공통점을 염두에 두고 생각하면서 독서하는 방법을 찾아보자.

21세기를 살아가는 아이들은 최첨단 기기와 영상의 시대를 접하고 있다. 그래서 아이들은 활자보다는 최고의 화질을 가진 영상에서 이야기를 먼저 접하는 경우가 대부분이다. 그럼 「미녀와 야수 「효녀 심청」 영상으로 보여주고 나서 가장 기억에 떠오르는 장면을 그림으로 표현하거나 이야기로 표현해 보기로 하자. 그러기 위해서는 엄마는 미리 아이가 그릴 수 있고 쓸 수 있는 스케치북과 적어도 24색 색연필과 책 「미녀와 야수」 「효녀 심청」을 준비해 두고 옆에는 커다란 지구본을 준비해 두어야 한다. 그리고 아이가 떠오르는 장면을 그리거나 이야기를 하면서 함께 앉아 아이가 이야기 한 부분과 비슷한 장면이 있는 곳을 책에서 찾아 펼쳐보면서 이야기를 나눈다. 그러면서 지구본에서 '미녀와 야수' 작가가 프랑스 사람이라는 것을 말하면서 '프랑스'라는 나라를 찾아보게 한다. 부모랑 같이 지구본을 보면서 함께 유럽 쪽에서 프랑스를 찾아본다. 그러면서 프랑스라는 나라가 어디쯤 있는지 보면서 다시 책을 펼치면서 「미녀와 야수」를 함께 읽어나간다. 한 쪽은 엄마가 읽고 나머지 한 쪽은 아이가 읽으면 더 좋은 독서 방법이 될 것이다. 특히 엄마는 재미있는 연극이나 영화의 대사처럼 읽어주면 아이는 더욱더 흥미를 느낄 것이다.

그런 후 다시 「효녀 심청」을 펼쳐서 지구본을 본다. 효녀 심청은 우리나라 전래동화라서 대한민국 지도를 찾아보게 하고 우리나라 위치가 어디쯤 있고 주변 나라는 어떤 나라들이 있는지 알아본다. 그러면서 「효녀 심청」도 마찬가지로 엄마가 재미있고 실감 나게 같이 읽는다. 이렇게 두 종류의 영상도 보고 책도 읽은 후 아이에게 질문을 던져보자.

"○○야, 자 그럼 우리는 두 책에 나오는 이야기를 가지고 차이점과 공통점을 만들어 보자."

그럼, 아이는 물어 볼 것이다.

"엄마, 어떻게 해요?"

"음, 이렇게 해보자. 준비한 스케치북에 동그라미 크기를 공깃밥 그릇 정도 크기로 가운데 겹치게 두 개를 그리는 거야."

엄마는 공깃밥 그릇으로 두 개의 동그라미를 가운데 부분이 겹치게 그리는 것을 시범으로 보여준다. 그리고 아이가 직접 그려볼 수 있게 해준다.

그런 다음 양쪽 동그라미에는 각각 동그라미 바깥쪽 윗부분에 책 제목과 차이점이라고 쓰고 가운데 부분은 공통점을 쓰게 한다.

예를 들면, (미녀와 야수) 차이점 공통점 (효녀 심청) 차이점

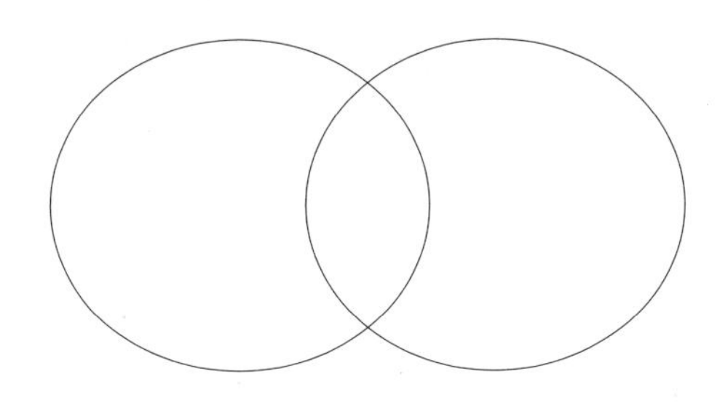

그리고 주인공들이 무엇 때문에 일이 생겨났으며 어떻게 다시 행복한 일이 생겼으며 어려움을 어떻게 참고 이겨냈는지 아이가 말해보도록 한다. 그런 다음 그 이야기의 감상을 아이가 써볼 수 있도록 도와주거나 효에 관한 내용을 연결 지어 일기에 써 볼 수 있도록 부모님이 연결고리 형식으로 조금씩 도와주면 된다. 그러면 아이는 그 이야기로 다양한 지식을 끄집어내고 또한 지리적 위치와 효에 관한 연계 수업으로 독서가 시작되어 지식을 쌓아나갈 수 있는 방법을 조금씩 터득해 나갈 것이다. 그러면서 아이는 서양과 동양의 차이를 배우고 위치를 배우고 이야기의 정도의 차이도 느낄 것이다.

누구나 다 아는 유대인의 교육 방법은 부모가 아이에게 고기를 잡아서 생선을 먹게 해주는 것이 아니라 생선 잡는 방법을 터득하게 가르친다. 그런 것들이 아이의 사고력을 키워주고 더 높이 더 멀리 나아갈 수 있게 하는 방법이다.

둘째, 과학 동화에서 연결 지어 융합형 인재가 되는 방법을 키워주자.

어릴 적부터 과학에 대한 호기심과 관심을 가지게 되면 자연스럽게 과학의 분야에 친숙해지면서 호기심과 탐구력이 키워진다. 그러다 보면 어려움 없이 과학적인 지식을 쌓게 되고 사고력이 넓혀진다. 예를 들어 공룡이 나오는 애니메이션을 몇 편 선정하여 보여준 후 새라 허스트가 쓴 '사라진 공룡들'의 책을 펼쳐보면서 공룡들이 지구에 나타나 활동하다가 왜 다시 지구에서 사라졌는지 등의 이유를 엄마가 아이한테 물어보면서 함께 그 해답을 찾아가는 방법으로 지루함 없이 아이가 공룡에 대한 지식을 넓혀나가는 방식으로 지식을 자연스럽게 터득하게 한다.

한 가지 더 예를 들어 다른 것을 설명하자면 프랑스 출신 파브르의 '파브르 곤충기'와 대한민국 출신 석주명의 '나비 박사 석주명의 포충망' 같은 책을 연결 지어 곤충의 세계를 보면서 두 사람 모두 곤충에 대한 호기심으로 시작되었다는 것을 알게 해준다. 그러면서 환경오염으로 점점 사라져가는 곤충들의 소중함을 깨닫게 해주고, 왜 깨끗한 지구에서 소중한 생명체들이 살아가야 하는지 지구의 생명체가 파괴되었을 때 어떤 재앙들이 닥치는지 배워나가는 것이다.

셋째, 의사로서 자신보다 환자의 치료를 더 중요시했던 사람으로 슈바이처와 허준을 통해 그들의 공통점 차이점, 그리고 서양 의술과 동양 의술의 내용들을 간략하게 이야기해 본다. 그러면서 그들의 성격은 어떠하며 남을 위해 희생한다는 것은 어떤 가치를 세상에 제공하는지를 생각하게 한다.

아이와 함께 지구본을 보면서 슈바이처는 독일에서 태어났지만 프랑스 국적을 가진 의사이고 허준은 조선시대 의학자로서 어떤 역할을 했는지 이야기해 보도록 한다.

슈바이처는 허준보다 훨씬 이후의 사람으로 19~20세기 의사이고 허준은 16세기 시대의 사람으로 역사적 차이는 있으나 그들이 실천한 '의술의 박애 정신'을 일깨워주는 방법으로 접근하여 지리적, 역사적으로도 폭넓게 지식을 습득해 가는 방법으로 이끌어가면서 이야기해 보도록 하는 것이다.

넷째, 예술가의 특징들과 그들의 예술 세계를 알아본다. 화가들의 색채와 그림풍을 아이들과 함께 보면서 색감 조절을 하면서 시작은 그들의 그림 중 따라 그리기 쉬운 것을 선택하여 아이와 엄마가 스케치북에 스테들러 루나 색연필로 그려보면서 화가들에 대한 이야기를 하면서 그림의 안목을 넓혀준다. 음악가도 마찬가지로 그들의 음악을 들려주고 음악가들이 어떤 작품을 작곡하고 연주했는지 알아보는 방법으로 접근해 가면서 부모는 아이에게 이야기꾼이 되어주어야 한다.

예를 들면 예술 분야에서 미술가 중 '반 고흐와 해바라기 소년'과 '모네의 정원에 온 손님' 그리고 우리나라 풍속화를 그린 김홍도 같은 책을 통해서 서양화풍과 동양화풍의 그림 방법이나 색감 그 특징들을 찾아보고 그려보면서 그들은 어디서 태어나 어느 시대에 활동했는지 알아보는 것이다. 또 그들의 공통점 차이점을 찾아보고 자신의 생각을 써보거나 아니면 마인드맵으로 그들과 연관되는 단어를 20개 이상 찾아 써보는 방법과 또는 간편하게 편지나 일기 형식으로 써보게 하는 것이다.

더 창의적으로 편지를 써 볼 수 있으려면 그들의 그림 중 하나를 선택하여 조금 흐릿하게 스케치하고 색감을 입혀 그 위에 편지를 써보는 것도 좋은 방법이다.

음악가 또한 마찬가지로 모차르트나 베토벤, 그리고 우리나라 국악인 판소리 중 하나인 '춘향가'의 한 대목을 들으면서 서양 음악과 우리나라 판소리의 느낌을 직접 느껴보는 것도 좋은 방법이다.

이렇게 감상한 후에는 아이랑 함께 음악가가 그 음악을 어느 시대에 만들었는지 알아보고 유명한 곡들을 더 나열해 본다. 이런 다양한 방식으로 음악을 배우면서 스케치북에 음악 악보를 그리게 하여 그 음악에 대한 자신의 느낌이나 떠오르는 것들, 그리고 음악가들의 특징들을 간단하게 써보게 하는 방법도 아이들의 창의력을 폭넓게 키워주는 것이다. 그린 악보에 음악의 느낌 또는 음악가에 대한 자신의 생각들을 적어보고 작사도 만들어 보는 것이다.

(예를 든 그림)

다섯째, 창작 동화를 선택하여 아이들이 새로운 생각 새로운 아이디어에 대한 다양한 창작 능력을 키워 줄 수 있는 방법으로 지식을 차근차

근 쌓아가도록 유도한다.

부모님은 아이가 천천히 한 계단씩 오르내릴 수 있도록 그 역할을 충분히 해주면서 자녀가 안정적으로 성장할 수 있도록 돕는 것이다.

예를 들면 '아모스와 보리스', '언제나 둘이서' 두 책은 친구의 우정 이야기를 다룬 것으로 소중한 친구 관계를 보여주고 있다. 책을 천천히 보면서 친구들 이야기를 하고 학교생활에서 친구를 서로 배려하고 돕는 것이 왜 중요한지를 깨우쳐주면서 오래도록 기억에 남는 단어를 쓰거나 떠오르는 장면을 그림으로 그려보게 한다. 또 친구와 관련된 속담을 6~7개 정도 스케치북에 써보게 한다. 부모님도 함께 참여하여 속담 개수를 더 늘려 써보는 것도 좋은 방법이다.

예) 속담 6~7개 써보기

① 어려울 때 친구가 진정한 친구다.

②

③

또 다른 동화의 예를 더 들어보면 데이비드 스몰 그림과 사라 스튜어트가 쓴 '도서관'과 '책 먹는 여우' 그 후편 '책 먹는 여우와 이야기 도둑', '정약용은 왜 그 많은 책을 썼을까?' 같은 책을 읽게 한다.

이 책들은 글 읽기를 좋아하는 내용으로 서양과 우리나라의 이야기를 비교하면서 책 읽기가 왜 중요한지 책은 사람에게 어떤 영향을 끼치는지를 부모는 아이와 함께 이야기를 진행해 나간다.

부모는 아이와 책을 읽으면서 책 속에 들어있는 그림도 같이 살펴보는 것도 중요하다. 만약 아이 자신이 작가가 되어 책을 쓰거나 그림을 그린다면 어떤 이야기를 쓸 것인지 이야기해 보고 책에 들어가는 삽화는 어떻게 그릴 것인지 아이가 구성해 보도록 하는 방법도 창작 능력을 길러주는 방법이다. 아이가 스케치북에 자신이 앞으로 쓸 책에 대한 광고를 그려보거나 책에 넣을 문구를 만들어보도록 하면 아이의 사고력과 창의력은 훨씬 폭넓게 발전될 수 있다. 또 다른 이야기책을 예로 든다면 '내 친구 커트니'와 '대포알 심프'를 통해 비록 서로 다른 장면이기는 하지만 두 강아지가 어떤 식으로 어려움을 이겨내고, 용감하게 살아가는지 이야기해 본다.

이 두 책을 부모님이 아이들과 함께 읽어가면서 그림과 내용을 살피고 용기와 자신감은 자신에게 어떤 영향을 끼치는지 토론식으로 이야기를 이끌어 간다. 그러면서 부모님은 아이에게 조심스럽게 질문을 던져본다. "○○야, 네게 어려운 상황이 닥쳤다면 그때 어떻게 행동하면서 용기를 키울 거야?" 라고 물어본다. 그런 어려운 상황은 부모님이 간단하게 가상으로 만들어 물어보는 방식으로 진행하면 된다.

예) 길을 가다가 장애인이 길에 넘어져 있는 상황이라든가 할머니가 힘겹게 무거운 짐을 겨우 들고 가는 모습을 본다던가, 친구가 사람과 부딪쳐서 물건이 땅에 나뒹굴고 있을 때라든가 등등 다양한 상황을 부모님께서 제시해 보면서 화제를 이끌어 나가는 것이다. 그런 후 '용기'라는 단어를 스케치북에 쓰게 하여 유명인들 중에 용기 있게 행동했던 사람들을 찾아 적어도 10명 정도 써보게 한다.

예) 유관순, 잔 다르크, 나폴레옹, 이순신, 콜럼버스, 베토벤, 링컨, 라이트 형제, 김구 등등.

이렇게 하면서 그들 중 두세 명을 선택하여 그들이 살았던 시대, 그들이 했던 일, 그들의 용기 있는 행동에 관하여 간략하게 써보도록 하는 것이다. 그들에게서 배울 점은 무엇이며, 아이들 자신은 성장하면서 어떤 인물이 될 것인가 등 미래의 자신이 훌륭한 위인이 되었다고 가정하고 그려보고 써보게 하는 것이다. 이렇게 연결 지은 독서 방법으로 수업을 하다보면 폭넓은 사고력을 지닌 융합형 인재로 키워나가는 데 도움이 될 것이다. 전쟁 영웅은 전쟁 영웅끼리, 과학자는 과학자끼리, 음악가는 음악가끼리 미술, 수학, 문학 등등 다양한 방식으로 아이들에게 사고력 연결고리를 만들어 주는 방법으로 독서를 하게 한다면 무조건 책을 읽히고 습관처럼 책을 읽는 아이들보다는 훨씬 뛰어난 지식을 터득하게 되고 창의적 사고를 갖게 됨으로써 스스로 독서하는 즐거움을 찾게 될 것이다.

이렇듯 우리 아이가 독서 방법을 통해 멀리 보는 안목을 키워나갈 수 있도록 부모가 그 역할을 함께 해주는 것이다. 부모는 아이가 커다란 나무 한 그루만 가꾸게 하지 말고 숲에는 다양한 생물이 공존하고 상호작용을 하면서 그 속에는 질서가 존재하고 커다란 숲을 이룬다는 사실을 깨우쳐 주는 것이다. 그래야 아이는 그 숲에서 아이디어를 얻고 창의성을 얻을 수 있다.

아이에게 희망이란 날개를 자유롭게 펼치도록 이끌어주면서 드넓은 창공을 향해 날아갈 수 있게 만들어 주는 역할을 하는 것이다.

초등학교 3~4학년이 책을 좋아하게 하는 방법

1~2학년 이후 3~4학년도 독서의 연계 방법은 더 중요하다. 앞에서 1~2학년이 하는 종류와 비슷하다고 보면 된다. 대신 책의 수준이나 방법들이 조금씩 다르고, 생각이나 사고하는 능력이 더 높기 때문에 훨씬 폭넓은 독서 방법을 가르쳐주어야 한다. 그리고 1~2학년 때보다는 아이가 자아를 높이는데 있어서 독서 교육 방법을 다르게 해야 한다. 지시형 엄마가 되기보다는 최대한 아이를 존중해주면서 아이가 스스로 방법을 터득해 나가는 '자기 관리형과 창의적인 사고'를 가진 아이가 되도록 올바른 방향으로 나아갈 수 있게 독서 방법을 알려주는 것이다.

그럼 융합형 독서 인재가 되도록 알고리즘 방식의 독서 방법을 분야별로 몇 가지 예를 들어 설명해 보기로 한다. 대신 한 차원 높은 수준의 방식으로 나아가도록 해야 한다.

첫째, 고전 명작을 통해 다양한 방식으로 연결해 보자.

오스카 와일드의 '행복한 왕자'와 톨스토이의 '사람은 무엇으로 사는가?'를 놓고 이야기해 보자. 작가 오스카는 아일랜드 출신이고 톨스토이는 러시아 출신이다. 그럼 지구본을 보면서 아일랜드가 어디에 있고 러시아가 지도상으로 어느 위치에 있는지 보면서 지리학적으로 아일랜드는 북대서양 쪽에 있고 러시아는 유럽과 아시아에 속하는 유라시아의 대륙에 위치해있다는 것을 찾아보면서 책을 펼쳐본다.

오스카 와일드와 톨스토이는 전혀 다른 곳에서 태어났고 서로 다른 환경에서 태어나 성장해서 작가가 되고 글을 썼는데 '행복한 왕자'와 '사람은 무엇으로 사는가?'라는 내용의 핵심을 보면 두 작품 '타인에 대한 사랑'과 '희생의 아름다움'을 엿볼 수 있다. 두 이야기를 통해 아이가 무엇을 배울 수 있는지, 아름다운 세상을 만들기 위해서는 왜 사랑과 희생이 필요한지에 대해 이야기하면서 아이 스스로 충분히 생각하고 말할 수 있는 기회를 주는 것이다. 또 주인공들의 성격이 어떤지 스케치북에 써보도록 하는 것이다. 그리고 그런 타인에 대한 사랑이 담긴 책들이 또 뭐가 있는지 더 생각해 보고 찾아보도록 하는 방법도 더 좋다고 본다.

만약 그런 종류의 책들을 두루 갖추고 있다면 아이 스스로 책을 찾아 읽고 생각할 수 있도록 부모는 기다려주고 지켜봐 준다. 그러다 보면 아이의 사고력은 훨씬 더 빠르게 자신만의 궤도에 진입할 수 있을 것이다. 둘째, 이번에는 과학과 연관된 것들을 찾아 1~2학년 때보다 한 차원 높은 수준의 독서 방법이 이루어지도록 하는 것이다.

과학은 인류 미래를 발전시켜 왔고 앞으로는 더 이상의 것들을 만들고 개발하여 발전시킬 것이다.

현재 2~3년간 아직도 완전히 종식되지 않는 코로나19로 인류는 엄청난 피해를 겪고 많은 사람들의 생명을 앗아갔다. 이런 인류의 바이러스에 관한 책으로 지식을 좀 더 깊이 있게 배우고자 한다면 다음 상황의 예를 들어보자.

'바이러스 과학 수업'과 '놀라운 미생물의 역사'를 통해 바이러스 역사를 되짚어 보는 것이다. 오늘 날까지 새로운 바이러스가 인류를 위협하거나 또 다른 측면에서는 바이러스가 인류에게 이로움을 주는 미생물로 자리 잡고 있는지 알아본다.

인류에게 미생물은 어떤 영향을 끼쳤으며 또 어떻게 해야 해로운 바이러스로부터 인류를 구원할 수 있는지에 대해 아이와 부모가 함께 이야기해 보고 아이가 미래의 과학자가 된다면 해로운 바이러스로부터 어떻게 인류를 구할 수 있을지 생각해 보면서 폭넓은 과학적 지식을 넓혀주는 것이다.

셋째, 과학자 중 인간 질병의 원인인 세균을 발견한 파스퇴르와 영국의 세균학자 푸른곰팡이 페니실린의 발견자로 유명한 알렉산더 플레밍은 어떤 성분을 분석하여 유용한 것들을 어떻게 관찰하고 성공시켰는지 위의 둘째 내용의 바이러스와 연관 지어 생각해 본다. 이런 책과 그 책들에서 나오는 위인들의 연구 업적을 연결시켜 좀 더 깊이 있게 아이와 대화하면서 그들은 인류에 어떤 업적을 남겼는지 알아본다. 과학자들은 어떻게 실험 연구를 성공시켰는지 분석해 보면서 이야기를 나누어 보는 것이다.

알렉산더 플레밍은 1945년 노벨 의학상을 받았으며, 반면 파스퇴르는 노벨상 제도가 있기 전에 사망했기 때문에 상을 받을 수 없었다는 것도 알아두면 좋다. 그러면서 노벨상에 대해 알아본다. 노벨상은 노벨이 다이너마이트를 발명하여 그 실험으로 인해 많은 사람들의 생명을 다치게 했음을 가슴 아프게 생각하여 과학의 진보와 세계평화를 기원한다는 그의 유언에 따라 스웨덴 과학 아카데미에 그의 전 재산을 기부하여 1901년부터 지금까지 노벨상의 제도가 있다는 사실도 알려준다. 이런 노벨상 유래를 알려주면서 지식을 깊이 있게 다룰 수 있게 해주고 아이에게 과학이 인류에게 피해를 줄 수 있지만 인류를 더 많이 발전시킬 수 있다는 것도 함께 공유해보는 방식으로 독서 방법을 넓혀나간다. 그러면서 노벨상은 지금까지 어느 분야까지 확대되어 왔는지 아이와 함께 짚어보고 노벨상 종류에 대해서도 알아본다.

※ 참고 · 노벨상은 총 6개다. 생리상, 의학상, 물리학상, 화학상, 문학상, 평화상, 경제학상.

그러면서 노벨상을 받은 대표적인 위인들도 아는 대로 기록해 보면서 그 인물의 업적을 찾아보고 아이가 직접 노트에 기록해 보도록 하자.

넷째, 3~4학년이 좀 더 차원 높은 예술가를 중심으로 공부할 수 있도록 이번에는 르네상스 시대 미술가들을 선택해 보기로 한다. '레오나르도 다빈치'와 '주세페 아르침볼도'의 그림을 보여주자. 우리가 흔히 알고 있는 다빈치가 그린 눈썹 없는 온화한 미소의 모나리자와 주세페의 참신한 착상과 열정이 담긴 창작을 주제로 한, 즉 꽃과 같은 사물을 조합하여 사람의 얼굴처럼 묘사해 보는 등 아주 독특한 화법을 통해 아이들의 내제된 창의적인 사고력과 생각을 이끌어보자.

그러면서 조선시대의 신윤복이 그린 '미인도'와 다빈치의 '모나리자'의 특징들을 찾아보면서 차이점과 공통점 그리고 색감 등 다양한 재능을 발휘한 그들의 그림 세계와 화가의 역사적 시대까지 폭넓게 이야기해 보도록 하자. 그러면 예술에 관심이 있는 아이는 관련 분야에 대한 지식을 쌓으며 훌륭한 화가들의 그림을 찾아보고 자기만의 그림을 그리면서 예술에 대한 다양한 세계를 접하게 될 것이다.

서양화풍과 동양화풍이 차이점도 이야기해 보고 그 그림들을 통해 어떤 생각이 드는지 이야기해 보고 써보는 데 있어서 다양한 방법으로 표현해 보도록 한다. 그림 속에서 만난 화가나 인물을 가상으로 설정하여 역사 속으로 찾아가는 인터뷰를 해도 좋고, 제목으로 시작한 삼행시를 지어도 좋고 아이가 자신이 인물도를 그린다면 어떻게 그릴 것인지 스케치북에 직접 그려보도록 해도 좋고, 엽서를 만들어 써보는 것도 좋으며, 그 시대에 맞게 편지지를 직접 만들어 그림을 살짝 그려 넣어 써보는 것도 좋은 방법이다. 다양한 기록 형태의 방법들을 해보도록 하는 것이 아이들의 창의력을 높이는 것이다. 이렇게 미술의 세계를 깊이 있게 다루어 본다. 그리고 이번에는 예술가 중 음악가를 대상으로 해보자.

예를 들면 '음악의 어머니' 헨델과 '음악의 아버지' 바흐에 관하여 왜 그런 별칭들이 붙은 것인지 그들은 서양 음악의 기틀을 어떻게 마련했는지를 책을 통해 엿본다든지 아니면 다른 자료를 찾아서 기록해 보면서 그들의 대표적인 음악을 아이와 함께 부모가 들어보면서 고전 클래식에 대한 음악 감상법도 같이 배워본다. 이렇게 폭넓게 사고력을 키워주면 3~4학년은 1~2학년에 비해 훨씬 빠르게 지식을 습득하는 방법을 배우게 된다. 헨델의 대표작 '메시아'와 바흐의 '무반주 첼로'를 감상하면서 어떤 감정이 드는지 아이와 함께 그 느낌을 이야기해 본다. 그러면서 아이가 학교 수업과 학원 공부로부터 잠시 벗어나 마음의 여유를 가진 감상자가 되는 것도 정서적으로 좋은 방법이다. 이렇게 책이나 인물을 가지고 얼마든지 폭넓게 지식을 연결시키면서 다양한 형태의 독서 방법으로 아이가 음악에 대한 지식을 쌓아갈 수 있도록 만들어주는 것이다. 또 헨델의 메시아 연주의 악기와 바흐의 무반주 첼로에 연주된 악기를 그리거나 사진을 찾아 스케치북에 붙여 악기의 형태도 배워보고 그 악기의 유래도 찾아보고 현악기와 관현악기의 차이도 배워보도록 하면서 그 악기의 그림이나 사진 옆에 다양한 방법으로 기록해 보도록 하는 것이다.

일기나 동시로 표현해 보거나 대화체(헨델의 악기와 바흐의 첼로)가 서로 대화하면서 각자의 소리나 악기의 특징을 이어가는 것도 좋은 방법이다. 이런 방법을 통해 음악에 대한 지식을 쌓아가다 보면 그 음악가들의 연주를 통해 여러 가지 악기의 소리까지 배울 수 있는 좋은 기회가 되는 것도 독서 방법 중 하나이다.

다섯째, 이번 내용에서는 1~2학년 독서보다 한 차원 더 깊이 생각할 수 있는 창작 동화를 통해 무엇을 생각하고 배울 수 있는지에 대해 알아보도록 하자. 독서는 그냥 무의미한 습관처럼 책을 읽는 것이 아니라 힘들지만 그 세계에서 즐거움을 느끼면서 마치 지구본에서 세계의 지도를 따라 여행하듯이 본인이 지금 읽고 있는 책의 종류를 가지고 거기에 맞추어 폭넓게 그 방면의 지식들을 깊이 있게 받아들이는 것이다. 방법 하나하나 퍼즐 맞추듯이 나아가다 보면 결국 책을 읽는 큰 그림이 그려지고 중요한 핵심 포인트들이 뇌에 인식되면서 그 독서 방법의 즐거움은 배가 되는 것이다.

예를 들면 창작동화 '용감한 아이린'과 '리디아의 정원'의 책을 비교 분석하면서 차이점 공통점을 찾아본다. 용감한 아이린은 재봉사인 엄마와 단둘이 살지만 아픈 엄마 대신 눈 쌓인 숲 속 길을 뚫고 엄마가 만든 드레스를 공작부인에게 전해주는 이야기로 가는 동안 어려움이 있지만 참고 견디어내며 엄마를 위해 심부름을 성공시킨다. 그리고 '리디아의 정원'에서는 아빠가 힘들어지자 리디아는 먼 곳에 있는 외삼촌 댁으로 혼자서 기차를 타고 가서 그곳에서 빵 굽는 일을 도우면서 아름다운 옥상 정원을 가꾸는 용기 있고 참을 성 있는 멋진 아이다.

그림을 보면 하나는 눈 쌓인 숲속이 배경이고 또 다른 하나는 두려움의 상징으로 난생처음 기차를 타보는 리디아의 마음 상태로 어두운 기차역을 배경으로 하고 있다. 하지만 두려움에 가득 찼던 기차역을 벗어나 차츰 삼촌 집에 살면서 밝은 심성을 지닌 리디아의 밝은 마음은 화사한 옥상 정원으로 바뀌면서 점차 리디아의 마음은 행복으로 변하고 옥상의 예쁜 정원이 펼쳐진다.

두 사람 모두 힘든 과정을 스스로 이겨내면서 지혜롭게 용기와 사랑을 배운다는 것이다. 이런 책의 종류는 많이 있다. 용기와 사랑을 통해 소중한 것들이 무엇인가를 배워나갈 필요가 있다. 요즘은 자녀들이 대부분 하나이거나 많으면 둘이다 보니 오직 내 자녀가 최고인 듯 키우거나 부모가 그물을 던져 물고기를 잡는 법을 가르치는 것이 아니라 그물을 던져 물고기를 다 잡은 후 아이의 입맛에 맞는 물고기를 골라 아이가 먹기 쉽고 원하는 대로 요리해서 주는 경우가 대부분이다. 그러다 보니 성장해서 아이가 자랐을 때 자신 앞에 있는 장애물을 뛰어넘지 못하고 그 장애물까지도 대신 부모가 치워주기를 기다리는 어리석음의 삶을 연출하게 되는 경우가 많다. 지혜라는 것은 하루아침에 생겨나는 것이 아니다. 이로운 독서 방법을 통해 아이들이 지식과 정보를 차곡차곡 쌓아나갈 때 지혜도 생기는 법이다. 무조건 독서를 습관처럼 많이 한다고 쌓이는 것이 아니다. 아이가 그 독서를 통해 얼마만큼 열심히 글을 읽고 이해했으며 독서 후 그 책과 연관된 지식을 통해 어떻게 공부하면서 책을 읽고 그 책을 통해 어떻게 지식을 효율적으로 쌓아 가면서 자신 스스로가 지식과 지혜를 터득해 가느냐에 따라 참된 인생의 가치가 있는 것이다. 부모는 아이들에게 그런 가치를 지닐 수 있도록 그 방법을 가르쳐 주는 것이다.

어려서부터 독서는 하되 무작정 습관처럼 이 책 저 책 읽는 것이 아니라 아이가 정하거나 부모가 정한 책 한두 권을 가지고 연관성 있는 연결고리를 통해 자기만의 독서 방법을 찾는 것이 중요하다.

'용감한 아이린'이나 '리디아의 정원'과 유사하게 주인공이 용기를 갖고 어려움을 헤쳐 나가는 이야기인 또 다른 책 같은 또 다른 책 '고맙습니다. 선생님'과'까마귀 소년'의 책도 마찬가지로 비교분석하거나 차이점 공통점을 찾아보고 학교생활에서 지나치게 친구를 놀리거나 따돌리는 것이 왜 나쁜 행동인지 인지하게 해준다. 주인공들이 그런 놀림을 이겨내면서 자신의 일을 성실히 해내고 당당히 일어서는 모습을 통해 어떤 교훈을 얻을 수 있는지 아이와 부모가 함께 이야기해 보는 과정에서 친구 관계 및 학교생활에서 가져야 할 올바른 태도에 대해 책을 통해 배울 수 있게 되는 것이다.

책이란 것은 내용이 짧고 긴 것이 중요하지 않다. 그렇다고 그림이 많은 동화책을 쉽게 생각해서는 안 된다. 동화책이나 그림책 속에는 다양한 색감, 배경, 그림, 표정 등이 담겨있기 때문이다. 이러한 부분을 통해 그림을 세심하게 관찰할 수 있는 방법 또한 아이가 창작 능력을 키울 수 있게 하는 방법이다.

여섯째, 책 속의 나비효과를 배우는 것이다. 작은 하나의 책이 시간이 지날수록 그 영향은 증폭되고 결국 그 작은 한 권이 여러 권으로 연결되고 한 번 펼쳐질 때마다 또 다른 엄청난 영향을 얻게 되는 결과를 가져온다는 사실을 독서 방법에 적용시키는 것이다. 작은 일들 하나가 학년 올라갈수록 그 나비효과는 배로 커진다는 사실을 잊어서는 안 된다.

예를 들면 어려서부터 과학이나 발명에 관심이 있고 호기심이 있는 아이가 있다면 과학자들에 관한 책들을 권해보자. 과학적 사고력을 키울 수 있는 과학자들을 중심으로 그들은 어떻게 어려서부터 호기심을 가지고 자신의 재능을 키우고 발전시켰으며, 부모나 주변인들로부터 어떤 교육적 환경에서 성장했는지 짚어보면서 그들의 업적이 오늘날 인류에 여전히 큰 영향을 끼치고 있다는 사실을 상기시켜 보자.

그들이 이룩했던 발명이나 발견들을 찾아보면서 그들의 발명품들을 그리거나 사진을 찾아 스케치북에 붙여보면서 아이에게 본인이라면 어떤 발명품을 만들어낼 것인지 그림으로 그려보거나 글로 써보도록 하는 것이다. 그러니까 뉴턴의 중력에서 아인슈타인의 상대성이론, 그리고 스티븐 호킹의 블랙홀까지 그들은 과학 분야에서 어떻게 두각을 나타냈는가를 부모랑 함께 찾아보고 이야기하면서 과학적 사고력을 충분히 넓혀가는 것이다. 그리고 만약 아이가 리더십이 뛰어난 경향이 있다면 그 아이와 함께 훌륭한 인물 중 나라를 사랑하는 마음과 용기가 있는 리더십이 있는 인물을 중심으로 세계 각국의 위대한 위인들을 찾아보는 것이다. 그래서 아이가 그런 인물들의 리더십을 보고 배울 수 있도록 부모가 아이에게 용기를 가진 리더십으로 키워주는 것이다.

예를 들면 가장 위대한 인물 중 몇 사람을 아이 스스로 찾아보게 지켜보며 맡겨두자. 아이가 힘들어하면 곁에서 부모가 함께 찾아보는 것도 아이가 독서하는 방법 중 하나일 것이다. 그러니까 세종대왕, 프랑스 황제 나폴레옹, 인도의 간디, 대륙을 정복한 광개토대왕, 미국의 링컨 대통령, 신라시대 선덕여왕, 영국 여왕 엘리자베스 1세, 또 영국 철의 수상 마거릿 대처, 독일의 여자 수상 메르켈 총리, 이들은 어느 나라 사람이며 어느 시대 어떤 생각을 가지고 어려서부터 성장했으며 그들은 어떻게 나라를 이끌고 세계를 이끌어갔는지 그들이 지닌 용기는 어떻게 생겨났는지를 그 인물의 전기를 통해 살펴보는 것이다.

그러면서 아이의 본인은 어려움이 닥쳤을 때 어떻게 리더십을 발휘하여 위기로부터 나라를 구하고 국민들을 구할 것인지 의논해 보면서 그 위인들을 살펴보고 기록해 보자. 더 많은 위대한 인물들이 많을 것이다. 그런 위인 중 몇 사람을 선택하여 아이 스스로가 그들의 공통점, 차이점, 배울 점 등을 자유롭게 기록해 보도록 하는 것이다.

이렇게 아이들의 사고력을 키우고 끊임없이 생각하게 하고 자신이 원하는 삶은 어떤 것인지 그려볼 수 있도록 아이 스스로 생각하게 하고, 자신의 꿈이 무엇인지 독서를 통해 그려볼 수 있게 하면서 부모가 그런 분위기를 아이에게 만들어주는 것도 중요한 방법이다. 앞에서도 강조했듯이 무의미한 독서 습관보다는 독서의 방법을 통해 아이가 자연스럽게 깊이 있는 지식을 얻고 지혜를 터득해 나가도록 만들어 주는 것도 또한 부모의 역할이라고 본다. 아이가 독서 방법을 통해 지식을 쌓아나갈 수 있도록 해야 한다. 그러다 보면 시간이 지나 어느새 아이의 머리에는 지식이 가득 쌓인 보물창고가 되고 그 보물은 귀한 지혜들로 엮어져서 나중에는 큰 주춧돌이 될 것이다.

아이의 꿈은 무엇인가? 아이가 영감을 얻을 수 있고 이 거대한 우주의 공간 속에서 아이가 어떻게 꿈을 이뤄나가고 어떤 꿈을 품고 세계를 향해 도전해 나가는지 그리고 그 꿈을 현실로 만들어내는데 어떤 행동과 사고를 해야 하는지 좋은 독서 방법을 통해 부모가 얼마든지 이끌어 줄 수가 있다. 어떤 이는 꿈을 이루는 데 있어 음악으로 세상을 바꾸고 싶어 하고, 어떤 이는 과학으로 세상을 더 안전하고 편리하게 바꾸고 싶어 하고, 또 어떤 이는 미술의 세계로 인간의 영혼을 승화시켜 주고 싶어 할 것이고, 또 다른 이는 문학으로 힘든 인간의 마음을 정화시켜주고 싶어 할 것이다. 아이들은 이렇게 꿈을 통해 자신의 삶을 개척해 나가면서 타인에게 뭔가 도움이 되기를 기대하는 것이다. 그런 마음의 태도는 좋은 독서의 방법을 통해 얻어가는 것이라 생각한다. 도서관과 서점에는 수많은 종류의 책들이 숨이 멎을 듯이 많아 아이들은 보는 것만으로도 질식할 지경이다. 그리고 어른들은 독서는 습관처럼 해야 한다고 강요한다. 그런 강요가 오히려 아이들의 사고력을 좁게 만들 수도 있다. 아이가 그 많은 책들을 어떻게 선택해야 하는지를 모르는 경우가 태반이다.

현명한 부모는 아이에게 독서하는 습관을 강요하는 것이 아니라 아이가 어떤 책을 읽고 아이 스스로 지적 호기심을 찾아내고 그 지식을 바탕으로 학교 공부까지도 연계할 수 있는 방법을 찾도록 도와주는 것이다.

초등학교 5~6학년이 책을 좋아하게 하는 방법

초등학교 1~2학년, 초등학교 3~4학년까지 독서 방법에 대한 다양한 사례와 책을 연결 짓는 융합형 독서 방법에 관한 것들을 알아보았다.

이번 장에서는 1~2학년, 3~4학년이 했던 독서를 바탕으로 좀 더 차원 높고 분야별 독서 방법을 더 효과적으로 높일 수 있는 독서법을 중심으로 만들어보기로 한다.

이제 5~6학년은 고학년의 수준이기 때문에 독서하는 방법에도 아이들의 사고력에 훨씬 더 많은 영향력을 끼칠 수 있도록 해야 한다. 그래서 그런 방법들을 좀 더 자세하게 알려주는 것이 5~6학년에게 도움이 될 것이다. 그렇다면 5~6학년이 해야 하는 독서 방법의 중요성을 파악해 보기로 한다.

첫째, 고학년이 읽어야 할 차원이 높은 '고전 명작'을 통해 사고력을 키울 수 있는 다양한 방법으로 접근해 보기로 한다. 아이들의 두뇌는 1~2학년, 3~4학년에 비해 5~6학년이 되면 더 많은 지식을 스펀지처럼 받아들이기 때문에 어떤 환경에서 책을 읽고 주변에 보이는 시야가 무엇인지에 따라 생각하는 것도 달라지기 때문에 다양한 아이디어 및 창의적인 발상의 차이가 생겨난다.

예를 들면 서양 고전에서 셰익스피어 작품이나 세르반테스 작품을 비교 분석해 보자.

셰익스피어의 '햄릿'과 세르반테스 '돈키호테'를 읽는 방법은 아이들의 습관처럼 독서하는 것은 유명한 명작이니까 읽어야 하는 것이 아니라, 두 작품의 내용을 비교 분석하면서 시대적 배경과 그 흐름을 알아보면서 두 작가의 세계관을 들여다보고 내용도 함께 분석해 보는 것이다.

햄릿은 왕족의 출신에 왕자이고 덴마크를 배경으로 하고 있으며 햄릿은 자신의 아버지를 죽이고 어머니와 결혼한 삼촌 클로디어스에게 복수하는 과정에서 일어난 비극을 보여주면서 햄릿은 늘 망설이는 우유부단한 부정적인 성격으로 묘사된 반면 '돈키호테'는 엉뚱하면서도 기발한 생각으로 과대망상에 빠져 부하 산초 판사를 데리고 기사 수업을 하면서 여러 가지 모험을 하고 익살스러운 행동으로 긍정적인 측면을 보여준 도전 정신의 성격의 소유자다. 이런 주인공들의 성격을 통해 햄릿의 우유부단하고 부정적인 면보다는 오히려 돈키호테의 도전적이고 모험적인 긍정적 성격이 아이들에게는 더 미래 지향적인 인물임을 인지시켜 준다.

이 두 주인공의 성격 중 어느 것이 더 아이에게 좋은 영향을 미치는지 이야기해 보면서 mbti성격 유형별 테스트도 해보면서 아이가 더 나은 방향으로 나아갈 수 있게 해준다. 그러면서 두 작가의 생애와 그들이 살았던 역사적 시대도 비교해 보면 되는 것이다. 두 작가 모두 비슷한 시기에 활동했으며 셰익스피어와 세르반테스는 우연히 같은 해에 생애를 마감하게 된다는 사실도 알아본다.

셰익스피어는 영국 출신이고 세르반테스는 스페인 출신으로 당시의 역사적 배경으로는 셰익스피어는 영국 여왕 엘리자베스 1세가 후손 없이 죽자 그 뒤를 이은 제임스 1세 후원으로 '국왕극단'으로 명성을 날렸으며 세르반테스는 당시 스페인 국왕 펠리페 2세였다.

이런 식으로 영국의 시대적 배경 스페인의 시대적 상황까지 엿볼 수 있으면서 세계사적으로 연결시키는 방법을 유도하여 아이들이 독서하는 방법에 흥미를 가지도록 한다. 특히 셰익스피어의 영화 햄릿, 로미오와 줄리엣, 맥베스, 베니스상인 그리고, 셰익스피어 인 러브를 자연스럽게 연결시켜 1593년 런던의 배경과 극단 활약을 보면서 당시의 모습을 영상으로도 볼 수 있게 해주면서 생각의 폭을 넓혀준다. 영국의 위대한 작가 셰익스피어를 왜 영국이 "인도하고도 바꾸지 않겠다."라고 했는지 그 의미를 파악하면서 5~6학년 아이들이 훨씬 더 깊이 있게 독서할 수 있는 방법을 찾도록 해주는 것이다. 그러면서 초등학교 고학년에 나오는 셰익스피어 작품 '베니스 상인'을 읽어보고 그 외 유명한 작품들에 대해 찾아보거나 읽으면서 작가에 대한 지식의 폭을 넓히는 것이다.

이러한 독서 방법들은 곧 중고등학교를 대비하면서 나중에 영어영문학 진학을 희망하는 아이들에게는 더 유익하고 도움이 될 것이다. 물론 아이들이 세계 명작을 영문으로 읽게 된다면 더 좋은 방법이기도 하다. 또한 세르반테스가 살았던 시대적 배경도 엿본다면 당시 에스파냐(스페인)는 황금시대를 이룩한 펠리페 2세가 통치하던 시대로 무적함대로 떨쳤다. 하지만 영국의 엘리자베스 1세 여왕에게 크게 패하면서 스페인의 무적함대가 가진 위력도 약화되고 펠리페 2세의 세력이 쇠락해지면서 유럽의 세력 구도가 변화하게 된다. 이처럼 작가가 살았던 시대의 역사적 사실까지 연결하면서 명작에 대한 관심을 세계사적 관점으로까지 넓힐 수 있는 독서 방법이 될 수 있는 것이다.

둘째, 이번에는 '한국 고전'을 들여다보기로 하자.

조선 후기 실학사상이 대두되던 시기에 쓰였던 무수한 책들 중 그 시대적 배경과 연관된 책들을 짚어보고 당시 어느 임금이었으며 활약한 실학 사상가들을 연결 지어보도록 하자.

박지원의 '열하일기' '호질' '양반전' '허생전' 등을 통해 그가 왜 당시의 양반 사회를 신랄하게 비판했는지 알아보는 것이다.

박지원의 열하일기는 사촌 형 박명원이 청나라 사신으로 가게 되자 그때 따라가게 되면서 청나라에서 보고 들은 것을 기록하면서 연행에서 청나라의 당시 모습을 통해 여러 제도 풍속, 문물 등을 일기 형식으로 소개하기도 했지만 비판적인 내용도 들어있는 일기 형식의 글이다. 또 박지원의 소설 호질, 양반전, 허생전 같은 소설은 양반 사회에 대한 비판과 부패의 폭로 그리고 사회적 모순을 구체적으로 드러낸 글로 사회개혁을 제시한 실학자이자 문장가였음을 알 수 있다. 그리고 박지원과 같은 시대의 사람으로 실학사상가 중 가장 뛰어나고 훌륭한 정치가이면서 뛰어난 리더십이 있었던 정약용의 삶과 그 활약도 들여다보는 것이다.

정약용이 귀양 가서 썼던 무수한 책들 그중 목민관으로 백성들을 살펴야 하는 것들을 중심으로 쓴 '목민심서' 그리고 아들들에게 집안 형편이 기울었다고 포기해서는 안 되며 그럴수록 더 학문에 전념해야 한다고 끊임없이 격려하고 조언했던 '아버지의 편지'를 연계하여 읽도록 아이들에게 제시해 준다. 또 위대한 업적 수원화성을 과학적 원리인 도르래를 이용하여 그 무거운 돌들을 옮겨 성을 쌓고 완성했던 그의 과학적 발자취를 더듬어보는 것이다. 그러면서 당시 정조 임금이 정약용을 신뢰하고 그와 함께 사회, 정치, 경제, 문화 등등 모든 면을 개혁하고 조선을 좀 더 태평성대한 나라로 만들려고 노력했던 것을 살펴보는 것이다. 그리고 정조대왕의 어머니였던 혜경궁 홍씨가 지은 '한중록'을 통해 당시의 정치적 상황들을 자세히 엿볼 수 있게 연계시키는 것이다. 정조 임금의 아버지 사도세자의 죽음 그 아버지의 명예를 되찾아 주기 위해 지었던 수원화성이 보여준 한옥과 성의 조화는 세계 문화유산 중 가장 뛰어난 것 중의 하나라는 것도 알게 해준다. 그래서 수원화성이 세계 문화유네스코에 등록되었다는 사실까지 연결 지으며 당시의 유명한 정치, 경제, 사회, 문화, 그리고 활동했던 인물들을 좀 더 많이 꼼꼼히 살펴볼 수 있는 안목을 기르는 방법을 가르쳐 주는 것이다. 이렇게 당시의 사회적 상황과 조선 후기 르네상스로 불렸던 실학사상을 폭넓게 찾아볼 수 있는 지식의 견해를 넓혀보는 방식으로 지도해보는 것도 좋은 독서 방법일 것이다. 지식이란 어떤 단면만 살펴보는 것이 아니라 당시의 상황들을 연결 시켜 다양한 면을 살피고 고찰해 보는 것이 중요하다. 5~6학년에게 더 많은 지식층을 넓혀주면서 중·고등학교 더 멀리 나아가 대학생활 및 사회생활을 해나가는 데 있어서 많은 도움이 될 것이라 생각한다.

셋째, 수학자들을 살펴보는 방법으로 독서를 시작해 보는 것이다. 고대 그리스의 수학자 '수(數)'를 만물의 근원이라 생각했던 그리스 수학자 '피타고라스'와 우리 생활에 유용하게 쓰이는 지레의 원리, 부력, 도형의 넓이와 부피 등을 알아낸 '아르키메데스' 그리고 그리스의 기하학의 아버지 '유클리드' 다음으로 확률론을 창안하고 세계 최초로 기계식 계산기를 만든 수학자 '파스칼' 더 나아가 프랑스 수학자로 '페르마의 정리'를 발표한 '페르마', 독일의 수학자로서 정수론과 방정식을 완성한 '가우스' 등등 다양한 수학자들을 정리하고 배우면서 수학자들을 통해 수학에 대한 핵심을 자연스럽게 이해해 나가는 독서 방법을 한다. 그러다 보면 아이들은 수학에 대한 흥미와 자신감을 갖게 되고 독서하는 방법에 따라 아이들의 창의적 생각과 수학적 사고력의 차이는 매우 클 것이다. 학년이 올라갈수록 아이들은 수학을 암기식 공식으로 공부하는 것이 아니라 이렇게 다양한 읽을거리와 볼거리로 수학의 개념을 이해하면서 수학의 원리를 이해해 나간다면 아이들은 수학에 대한 흥미가 훨씬 높아질 것이다.

부모는 아이들에게 그저 식탁 위에 차려진 먹기 편하고 자신의 입맛에 맞는 음식을 먹여주는 것이 아니라 아이들이 수학적 지식의 원천이 어떻게 생겨났는지 스스로 알게 해주는 것이다. 부모는 아이가 그 지식의 풍미를 느끼고 음미할 수 있도록 여유를 갖고 기다려줘야 한다. 아이 스스로 식탁의 음식을 차려낼 수 있는 힘을 기르게 하는 것이다. 그래서 하나하나 잘 찾아낼 때마다 칭찬해 주는 방식으로 나아가야 한다. '칭찬은 고래도 춤추게 한다.'라는 책이 있듯이 부모는 아이들에게 칭찬에 인색해서는 안 된다. 정형화된 지식을 가르치는 것이 아니라 아이 스스로 생각의 지혜를 터득하고 책 속에서 지식을 발견하는 것이 중요하다. 책을 암기식으로 무조건 읽는 것이 아니라 독서하는 방법을 터득하여 그 방법을 통해 지식을 쌓고 지혜를 배워나갈 때 아이의 미래는 밝고 긍정적인 에너지가 생겨나는 것이다. 그런 에너지의 원천을 만들 수 있도록 도와주는 것이 바로 부모가 해야 하는 역할인 것이다.

그러한 방법들이 아이가 자신감과 긍정적인 사고력을 갖게 하면서 자신만의 특별한 공부법과 독서법을 익혀나가는 지혜를 터득할 수 있을 것이다.

아이에게 깔끔하게 정돈된 책장과 가지런한 시리즈의 책들을 제공하며 편안한 온실 속의 화초처럼 책을 읽게 하면 결코 좋은 독서 방법이나 폭넓은 사고력이 생겨날 수 없다. 아이가 자신에게 맞는 좋은 독서 방법을 스스로 찾고 이를 갈고 닦으면서 지식의 본질에 깊게 다가갈 때 블랙 다이아몬드를 찾아가는 기쁨을 얻게 될 것이다.

넷째, 이번에 살펴보는 독서 방법은 과학자들이다. 과학은 우리의 미래이고 더군다나 자라나는 아이들의 미래이기도 하다. 과학의 새로운 혁명을 일으켰던 코페르니쿠스의 태양중심설은 그가 죽음을 앞둔 시점에서 출판했다는 사실이다. 태양중심설은 당시 사회가 거의 종교계와 성직자들의 중심으로 돌아갔기 때문에 절대적인 신의 권위에 도전하는 것으로 여겨질 수밖에 없었다. 그리고 빛을 발견하여 지동설을 주장하던 갈릴레오는 종교재판소로부터 사형을 언도받았으나 교회의 진리를 인정하고 가르치는 모든 것들을 믿는다는 것을 계기로 그가 태양중심설과 결별한다는 약속으로 목숨을 건졌다. 그 후 그는 그래도 “지구는

돈다."라고 말하면서 지동설을 믿었다. 그리고 갈릴레오는 낙하 실험으로 유명한 '피사의 사탑'은 이탈리아의 피사에 있는 종탑으로도 잘 알려져 있기 때문에 갈릴레오를 읽게 되면 피사의 사탑도 찾아보면서 그 원리의 방법도 알아보면 과학에 더 도움이 될 것이다. 그럼, 뉴턴은 어떠한가? 그는 여전히 오늘날에도 위대한 과학자로서 전 세계인으로부터 존경을 받는 사람이다.

모든 물체가 서로 끌어당기는 힘인 '만유인력'을 발견하고 세 가지 운동 법칙인 '관성의 법칙' '가속도의 법칙' '작용·반작용의 법칙'을 발견했으며, 만유인력의 원리를 처음으로 세상에 알린 책 '프린키피아'를 1687년에 출간하여 물체와 천체의 운동을 완전하게 설명함으로써 고전 역할을 완성했다는 것을 뉴턴의 프린키피아를 통해 독서하면서 공부와 연결시켜 보는 것도 또한 좋은 방법이다.

특히 과학의 관심도가 높은 아이일수록 시대순으로 과학자들이 발견하고 이룩했던 업적에 대해 흥미를 가지고 읽을 수 있도록 해주는 것도 유용한 과학적 지식을 쌓는 데 있어 유익한 독서 방법 중 하나 일 것이다. 아이들이 과학에 관심을 가진다는 것은 미래의 인류를 더 발전시키고 위기에 빠질 수도 있는 인류를 구해낼 가능성이 크기 때문인 것이다. 과학 분야는 갈수록 중요한 위치를 차지하고 있다.

그러면서 '다윈'의 '진화론'까지 찾아서 알아보는 것이다. 진화의 수수께끼를 풀어낸 과학자 다윈은 비글호를 타고 갈라파고스 제도에 가서 그곳에 사는 거북의 등딱지와 핀치 새의 부리 모양이 다른 것을 보고 그 사실을 바탕으로 "환경에 잘 적응한 개체가 생존 경쟁에서 살아남는다."는 자연선택설을 주장하자 창조론을 믿는 기독교인들의 반발이 굉장했다는 사실을 알게 될 것이다.

그리고 그 후 새로운 과학의 세계를 연 천재과학자 아인슈타인을 들여다보자. 그의 뛰어나고 탁월한 천재성과 개성이 넘치는 헤어스타일, 획기적인 과학적 사고력을 지닌 아이디어들. 그는 인류 역사상 정말 위대한 과학자임에는 틀림없다는 사실을 알게 될 것이다.

그는 뉴턴의 물리학적 오류를 찾아내고 현대물리학인 일반 상대성 이론을 연구했으며, 특수상대성 이론은 뉴턴의 역학을 뛰어넘어 종래의 시공간 개념을 근본적으로 변혁시켜 철학 사상에도 큰 영향을 끼쳤다. 에너지와 질량의 관계에 대해 발표하면서 이 방정식은 훗날 원자력 에너지의 활용과 원자폭탄의 탄생을 예고한 셈이 되기도 한다. 이렇게 하나하나 시대별 과학자들의 발견과 이론들을 연결시켜 과학의 지식을 넓혀가고 그들의 여러 가지 업적들을 들여다보는 방법으로 독서를 한다면 한층 더 흥미롭고 물리의 개념 등을 쉽게 익히면서 중.고등 과정을 미리 익혀두는데 도움이 될 것이다. 물론 과학의 범위가 굉장히 넓히다 보니 세분화된 쪽으로 아이들 자신이 더 관심을 가지고 흥미가 있는 분야를 따져서 물리, 화학, 생명, 지구과학 등으로 분류하여 생각해 보는 것이다. 그래서 그 분야의 과학자들을 찾아보고 연결시켜 독서를 하는 것도 아이들 위해 좋은 방법이 될 것이다.

다섯째, 이번에는 음악가들을 살펴보기로 하자.

음악의 아버지로 불린 바흐와 음악의 어머니로 불린 헨델의 삶과 음악의 세계를 살펴보면서 두 음악가의 음악을 들으면서 비교해 보는 것이다. 앞에서 말한 3학년 4학년 헨델과 바흐보다 좀 더 깊이 있게 독서 방법으로 음악의 지식에 다가가면 좋을 것이다.

헨델과 바흐는 같은 해 독일에서 태어났으며 헨델은 바흐보다 9년을 더 살았다고 한다. 바흐는 조국 독일 밖으로 나가본 적이 없는 반면 헨델은 이탈리아, 프랑스 등을 다니면서 끝내는 영국으로 귀화한 코스모폴리탄(세계시민)이 된다.

바흐는 매우 논리적인 작품의 곡을 쓰고 헨델은 웅장하면서 대중이 이해하기 쉬운 곡들을 썼으며, 평생을 독신으로 지냈고 영국으로 귀화한 후 영국에 큰 영향력을 끼쳤던 작곡가이기도 했다. 헨델의 음악 중 귀에 익숙한 '메시아 ㊥ 할렐루야'와 바흐의 '무반주 첼로 모음곡'을 들려주면 아이들은 익숙한 음악이라는 것을 알게 될 것이다. 한 사람은 종교적 음악이고 한 사람은 세속적 음악을 선호했다는 사실도 알 수 있을 것이다. 또 다른 예를 든다면 오페라의 거인 이탈리아 출신 베르디와 푸치니를 비교해 보는 것이다. 베르디의 오페라 대표작인 '아이다'를 들어보면 놀라울 것이다. 그리고 멋쟁이인 푸치니의 오페라 중에서 가장 익숙한 '라보엠'을 부모와 함께 들으면서 감상한 후 '아이다'와 '라보엠'의 스토리까지 알게 된다면 더욱 더 음악을 이해하는데 도움이 되고 클래식에 한층 더 가까이 다가갈 수 있는 기회를 가질 수 있을 것이다.

음악가들의 생애와 작품들을 보고 들으면서 그들이 남긴 위대한 음악을 통해 예술의 깊이와 가치를 배워나가는 것도 중요한 공부가 되는 독서 방법이다.

오랜 세월이 지나도 그들의 작품들이 불멸성을 지니고 있다는 것은 그만큼 그들만이 지닌 천재적인 예술성과 창의성의 혼이 담겨있기 때문이라는 것을 알 수 있다. 이런 예술가들의 생애를 알게 되면서 아이들은 스스로 고전음악의 매혹에 빠져들면서 음악이 주는 가치와 즐거움을 찾을 것이다. 아이들에게 보기 좋고 편안한 숲길을 만들어 주는 것보다는 다듬어지지 않는 숲길을 스스로 가꾸면서 헤쳐 나가는 방법을 터득하게 해주는 것이 바로 현명한 부모의 역할이다. 아이들 스스로 멋진 숲의 정원을 만들고 가꾸면서 기쁨을 찾도록 하는 것이 아이들의 미래를 더 밝은 비전으로 다가서게 하는 것이다. 부모는 아이들이 스스로 터득하는 지혜의 기술을 배우게 해주는 것이다. 그것이 현명한 부모가 아이를 교육시키고 독서하는 방법을 통해 아이의 사고력을 높여주는 것이다. 되도록 마음의 여유를 가지고 부모가 아이와 함께 책을 선택하여 그 내용과 관련지어 연계시키는 독서를 하게 해주는 것이 진정한 아이의 교육인 것이다. 부모는 아이의 거울이라고 했다. 부모가 더 열심히 독서하고 공부하면서 아이들에게 적극적으로 탐구와 호기심을 심어주는 것이 중요하다. 인내력을 가지고 아이가 하나하나 알아가는 것을 격려하며 지켜봐 주는 것이다. 그래야 아이는 지식의 싹을 고루 틔우고 곧은 나무를 키우고 풍성한 나뭇가지를 만들 것이다. 그러면서 아이는 스스로 키운 그 나뭇가지에 여문 열매를 열리게 하는 능력을 키우면서 새로운 창의적 사고들을 갖게 될 것이다.

여섯째, 이번 주제는 또 예술 분야에서도 미술을 살펴보는 방법을 알아보기로 한다. 사실 학문의 모든 분야는 깊이 파고들수록 더 깊이 있는 지식으로 접근할 수밖에 없는 상황이다. 그래서 최소한 초등학교 5~6학년 눈높이로 접근하는 기본적인 지식에서 독서 방법을 제시하고자 한다. 그렇다면 미술가 중 아이들에게 가장 익숙한 화가들을 시도해 보는 것도 좋은 독서 방법이다.

예를 들면, 인상주의 화가들을 살펴보기로 하자. 인상주의 화가들의 그림은 그전보다 그림이 밝아졌으며 그들만의 개성이 강조되었고 회화의 자율적 질서를 인정받게 된 화풍들이다. 대표되는 화가로는 자연 속으로 아틀리에를 옮겨온 듯이 한 작품. 모네의 정원들을 들여다볼 수 있다. 대표작 「수련」 「해돋이」 「양산을 쓴 여자」 등등 그리고 마네의 밝은 색채의 그림들 「풀밭위의 식사」 「책 읽는 여인」 등등 또 르누아르의

「자매」「목욕하는 여인들」「배위에서 여는 점심잔치」등등이 있으며, 특히 드가는 파스텔에서 풍부한 색채 효과를 발견하고 중요한 표현으로 남다른 움직임을 포착한 그의 대표 작품들 「경마장에서」「무대 위의 무용수」「네 명의 무용수」「가족 모임」「거울 앞에서」 그리고 그의 조각 작품 「열네 살 소녀 무용수」 등은 많이 사람들에게 익숙한 작품들이다.

그래서 우리에게 좀 더 일상적인 인상파 화가들의 작품을 통해 표현양식과 색채의 대비를 다양한 기법의 화풍들을 접근하여 기본적인 화가들의 그림 세계를 아이들이 접할 수 있게 해보는 것이다. 좀 더 예술을 친화적 방법으로 접근하기 위해서는 전시회를 찾아다니면서 그들의 화풍과 작품을 익히는 것이다. 그러면서 정서적 안정과 뭔가에 몰두하고 싶어진다면 수채화 색채 재료를 물과 섞어서 그림을 그려보게 함으로써 훨씬 풍부하고 다양한 효과를 낼 수 있다는 사실을 접하게 하여 직접 경험하게 히는 것도 미술을 공부하는데 도움이 되는 독서 방법 중 하나 일 것이다. 그러다 보면 차츰 색의 대비에 관심을 가진 아이들은 색상 대비를 통하여 의상을 디자인하고 같은 채도의 색이라도 채도의 색을 어떻게 배색하느냐에 따라 그 느낌들이 완전히 다르다는 것을 배우면서 멋진 의상의 색감을 만들어내는 안목을 키울 수 있고 그쪽으로 관심이 있는 아이들이라면 도움이 충분히 될 것이다.

이렇게 미술이라는 분야는 접근해 나갈수록 세분화되고 광범위한 일상의 것들을 더 깊숙이 들여다볼 수 있다는 것이다. 학년이 높아질수록 좀 더 차원 높은 독서의 범위를 높이면서 다양한 예술 분야의 책을 읽도록 유도한다면, 아이들의 독서하는 태도와 그 독서를 통해 얻어지는 지식들이 많아지고 풍성해지면서 삶을 살아가는 데 있어 지혜 또한 더 많이 터득해 나갈 것이다. 그러면서 세계적인 의상 디자이너와 유명한 브랜드에 관하여 영화나 책을 통해 그들의 내력이나 정보를 찾아보면서 아이 자신이 그 방면으로 관심을 가지고 있다면 충분히 지식을 습득하면서 꿈을 키워 나가도록 해라.

일곱째, 이번 독서 방법 중 하나는 너무 광범위하지만 역사를 아이들 눈높이에 옮겨보는 것이다.

이 분야의 독서 방법에는 반드시 세계지도나 지구본을 같이 살펴보면서 그 오랜 세월 들썩이고 요동치던 인류의 역사의 발자취를 따라 관심 있는 쪽으로 좀 더 안목을 키워 꼼꼼히 살펴보는 것을 권한다. 지도나 지구본으로 역사의 문명을 따라가면서 세계 각국들의 역사관을 살피고 그들 민족들의 특성과 문명을 들여다보면서 세계사를 좀 더 쉽게 접근해 가는 방법으로 세계사를 폭넓게 독서하면 된다. 예를 들면 세계 고대 문명에 관한 도서를 찾아보면서 인류는 수천 년 전에 어디서 살았으며 문명의 시작인 4대강인 이집트 나일강, 메소포타미아의 티그리스와 유프라테스강, 인도의 인더스강, 중국 황허강의 공통점을 찾아본다.

기후가 온난하고 기름진 토지를 지닌 지역으로 사람들이 모여 살기 편리한 조건으로 도시 형성에도 커다란 변화를 주었다는 것을 자연스럽게 학교 수업과도 연결시킨 방법으로 책을 읽는다.

바다의 지배자 페니키아인, 철기 시대의 용사들 켈트인, 거대한 제국 페르시아, 힘의 영광 그리스 그리고 알렉산더 대왕 후 거대한 로마제국을 그리고 황금시대 중국, 일본의 무사, 마야문명 잉카문명을 비롯하여 지구의 세계사를 세계지도와 지구본으로 그 문명의 변화와 역사를 되짚어보는 방법을 배운다.

그리고 우리의 역사 고조선에서 삼국시대를 걸쳐 통일신라시대를 지나 고려시대와 조선시대 그리고 일제강점기와 개화기 이후 근대까지의 자료를 통해 또는 재미있는 역사책이나 역사 이야기를 통해 자연스럽게 중요한 역사적 사건들을 익히면서 독서하는 것도 학교 수업과 자연스럽게 연결할 수 있는 좋은 방법이 될 수 있다고 생각한다. 이렇게 역사의 흐름과 문명의 발달을 흥미롭게 읽고 살펴보면 그 나라의 역사를 통해 인간의 위대한 정신도 배울 수 있으며 철학, 사회, 경제, 정치, 예술의 발전과 더불어 전쟁으로 인류가 무엇을 잃고 무엇을 얻었는지까지 총망라해서 배울 수 있는 계기가 될 것이다. 배움이란 억지로 하는 것이 아니라 스스로 학문하는 즐거움을 깨우치는 것이다. 소크라테스가 좋아하는 말이 있다. "좋아, 그대의 무지를 깨닫는 것이야말로 모든 지혜의 출발이다."

그렇다. 그 지혜의 활력을 불어넣는 것은 독서를 통해 얻어지는 지식에서 그 중요한 역할이 되는 것이다. 독서하는 방법을 잘 찾아 지식을 쌓아간다면 창의적인 천재. 창조하는 천재가 어느 분야에서나 그 능력을 스스로 갖추게 되는 사람이 될 것이다. 참신하고 경이롭고 유용한 아이디어들은 그냥 저절로 생겨나는 것이 아니다. 그 분야에 호기심을 가지고 한 걸음 한 걸음씩 나아가는 점진적인 혁신이 있어야 하고 그 혁신들의 아이디어는 독서를 통해 조용히 발전되어 나가는 것이다. 그만큼 독서 방법은 중요한 포인트가 되는 것이다. 무조건 많이 닥치는 대로 아무 책을 분별성 없이 읽기보다는 아이가 관심 있는 각 분야마다 연결시키면서 독서를 하는 방법을 알아야 한다. 부모는 아이의 미래를 위해 현명한 독서 방법을 선택해야 하는 것이다. 책은 모든 공부의 시작으로 보면 된다. 각 분야마다 내 마음을 대변해 주는 책을 만나서 그 책 속의 지식을 따라가면서 함께 공감 한다면 그 책은 아이에게 창의성을 키워주고 지식과 지혜를 터득해 주는 좋은 책 친구가 되어 기쁨을 만끽하는 독서가 될 것이다. 이렇게 아이가 독서에서 지식을 연결하는 방법으로 책을 읽고 메모하다 보면 아이는 자기 주도형 학습에도 익숙해질 것이다.

여덟째, 인간이 살아가는 데 있어서 가장 중요한 의·식·주 가운데 식은 아주 중요한 것 중의 하나일 것이다. 음식이란 인간의 삶을 영위하는 데 중요한 원천이다. 만약 어려서부터 요리에 관심이 있는 아이라면 음식이 지닌 중요성, 음식에서 얻을 수 있는 오감, 배합과 색감, 자연에서 얻은 건강한 식재료의 필요성 등을 배운다. 모든 향신료의 원산지와 역사 그리고 차의 문화 커피의 시작과 그 유통과정의 오랜 역사 등 다양한 식재료와 거기에 걸맞은 도자기의 발전까지 관련된 모든 자료와 책들을 찾아보면서 음식에 관한 정보나 역사를 알 수 있는 도서를 구입해서 읽어보는 것이다.

음식의 문화가 어떻게 세계를 바꾸었는지, 신화 속의 음식, 세계적으로 유명한 음식의 유래, 종교와 음식 등 다양하고 세계적인 음식이 어떤 식으로 탄생되고 알려졌는지를 독서를 통해 체계적으로 배워보면서 흥미를 가지고 요리에 도전해 보도록 하는 것도 부모님이 아이가 진정으로 미래의 꿈을 이룰 수 있도록 도와주는 방법일 것이다. 이러한 독서 방법을 넓게 섭렵하고 싶으면 아이와 부모가 항상 도서관을 가까이하거나 서점에 가는 것을 꺼려해서는 안 된다. 그곳들은 다양한 도서 자료가 있기 때문이다. 우리는 지금 우리 아이들에게 이런 모든 독서 방법들을 통해 아이들이 원하는 쪽으로 꿈을 키워나갈 수 있도록 필요한 분야의 독서 방법들을 찾아주어야 하는 것이다. 아이들이 각자 신념을 가지고 비전을 가질 수 있도록 부모들은 도서관과 서점의 CEO가 되고 책의 사냥꾼이 되어야 하는 것이다. 현명한 부모는 아이가 미래를 설계하는 데 훌륭한 자기만의 교육법을 만들어 창의적인 독서 방법으로 각 분야에서 미래를 이끌어갈 인재가 되도록 하는 것이다.

제2장
학년별 해당되는 분야별로 책을 정해서 책 바구니에 담아보기

아이와 부모가 함께 아이의 눈높이에 맞고
아이가 좋아하는 분야별 책 골라보기

초등학교 1~2학년이 읽어야 할 분야별 책 고르기

1장에서 언급한 내용을 바탕으로 부모와 자녀가 함께 해당 목차에 관련된 도서들을 함께 선정해 보도록 하자.

① 세계 여러 나라의 신화에 관해 읽어야 할 책

a.

b.

c.

d.

② 세계적 위인들의 책

a.

b.

c.

d.

③ 세계 유명한 왕이나 대통령에 관한 책

a.

b.

c.

d.

④ 세계적인 수학자와 수학에 관한 책

a.

b.

c.

d.

⑤ 세계적인 과학자와 과학에 관한 책

a.

b.

c.

d.

⑥ 세계적 음악가와 음악에 관한 책

a.

b.

c.

d.

⑦ 세계적인 미술가와 미술과 연관된 책

a.

b.

c.

d.

⑧ 고전명작에 관한 책

a.

b.

c.

d.

e.

초등학교 3~4학년이 읽어야 할 분야별 책 고르기

1~2학년보다 한 단계 더 깊이 있는 책을 고른다.
좀 더 지식적으로 접근해 나가는 방법으로 책을 고른다.

① 세계적인 고전 명작과 우리나라 고전 이야기 담기

a.

b.

c.

d.

② 인류의 발전을 위해 애쓴 과학자와 과학에 관한 책

a.

b.

c.

d.

③ 세계적인 수학자들과 수학에 관한 책들을 담아보기

a.

b.

c.

d.

④ 르네상스 시대의 화가들과 그들의 화풍에 관한 그림과 책들 담아보기

a.

b.

c.

d.

⑤ 유명한 세계적인 음악가들에 관한 책 담아보기

a.

b.

c.

d.

⑥ 가볍게 읽고 넘어갈 수 있는 역사에 관한 책 담아보기

a.

b.

c.

d.

⑦ 그리스 신화 중 각자 신화들에 관한 책 담아보기

a.

b.

c.

d.

초등학교 5~6학년이 읽어야 할 분야별 책 고르기에서는 좀 더 깊이 있게

1~2학년, 3~4학년 때보다 더 차원 높은 책을 선정하여 지식적으로나 학습 공부하는 데 있어 도움이 되거나 더 많은 창의적 지식으로 연결되는 책을 고른다.

1> 그리스 신화들인 12신들을 중심으로 펼쳐진 이야기에 관한 책과 그 스토리들을 기록해 보거나 상징적인 특징 써보기

①제우스:

②헤라:

③포세이돈:

④하데스:

⑤아테네:

⑥헤파이스토스:

⑦아레스:

⑧헤르메스:

⑨데메테르와 그녀의 딸 페르세포네:

⑩아폴론:

⑪디오니소스:

⑫아프로디테:

2> 우리나라 고전 순서대로 읽고 그 역사적 배경과 스토리와 작가 분석해 보기

①김시습: 금오신화

②이순신: 난중일기

③허균: 홍길동전

④김만중: 구운몽, 사씨남정기

⑤정약용: 목민심서

⑥박지원: 열하일기, 양반전, 호질, 허생전

⑦혜경궁홍씨: 한중록

3> 5~6학년 교과서에 나오는 모든 위인전들에 관한 책들 골라 담아보기

4> 세계의 변화를 이끌었던 과학자들의 생애와 업적을 알 수 있고 인류 문명의 변화를 가져다준 세계적인 과학자들에 관한 책들을 읽고 간편하게 중요한 사실들 기록해 보기

①갈릴레오 갈릴레이:

②아이작 뉴턴:

③찰스 다윈:

④파스퇴르:

⑤에디슨:

⑥알렉산더 그래햄 벨:

⑦뤼미에르 형제:

⑧마리 퀴리:

⑨라이트 형제:

⑩아인슈타인:

⑪프랭클린:

⑫스티븐 호킹스:

5> 미술로 보는 지식의 세계를 근대의 화풍별로 해당하는 화가들에 관한 책들 담아보기

①신고전주의 화가:

②낭만주의 화가:

③사실주의와 자연주의 화가:

④인상주의 화가:

⑤후기 인상주의 화가:

⑥입체주의 화가:

6> 1~2학년, 3~4학년 때 알아본 음악가들 제외하고 유명한 음악가들의 생애에 관한 책들 담아보기

7> 1~2학년, 3~4학년이 읽어야 할 고전 명작 이외에 더 많은 세 계고전 작품 담아보기

8> 우리나라 판소리 여섯마당 작품들에 관한 책 담아서 읽어보기

제3장
기존 논술 공부의 문제점 해결하기

유치원 때부터 책 세트 구매의 문제점

아이의 방 안에는 책 표지가 알록달록 다양한 종류의 책들이 책꽂이에 가득 채워져 있는 경우가 많다. 그렇게 한다고 해서 과연 아이가 천재가 되고 책을 정말 좋아하는 아이로 성장해 갈까요?

위대한 인물 뒤에는 반드시 훌륭한 어머니가 대부분 있기 마련이다. 그리고 그분들의 교육 방식은 한 권의 좋은 책이라도 아이와 함께 도서관에 가서 빌리거나 여유가 된다면 서점에 데리고 다니면서 아이가 책에 대한 관심을 자연스럽게 가질 수 있도록 만든다는 사실이다.

화려한 상차림은 처음에는 놀랍고 기쁘고 즐겁지만 매일 매일 화려한 상차림은 싫증이 날 것이다. 자신이 좋아하는 반찬이 한 가지만 있어도 아이들은 맛있게 밥을 먹게 된다. 이런 원리와 같다고 보면 아이들은 자신이 좋아하는 책을 직접 고르거나 빌려서 흥미를 가지고 즐겁게 읽는 태도와 방법이 중요하다. 부모는 아이가 지식을 차곡차곡 쌓을 수 있도록 지혜가 가득 찬 보물창고를 제공해 주면 된다.

초등학교 논술학원의 문제점

대부분 아이들은 부모가 정해주는 스케줄대로 움직인다. 조선시대 이덕형은 "공부 분위기는 스스로 만든다."라고 했다. 독서를 하거나 공부를 하면서 의문이 생기거나 좀 더 관심이 있어 깊이 있는 내용을 알고 싶다면 반드시 메모를 하거나 질문을 하는 것에 익숙해져야 한다.

그런데 대부분 논술 학원에서는 정해준 책이나 내용에서 문제를 풀고 답을 쓰는 형식을 취한다. 논술이란 말 그대로 논리적으로 이치에 맞게 말하거나 적는 것이며 자신의 주장을 논리적 사고로 글을 쓰는 것이다.

그런데 학원은 책의 일부 내용을 발췌하여 정해진 스토리를 통해 틀에 박힌 형식으로 답을 쓰게 하는 것이다. 그러다 보니 아이들은 깊이 있는 독서 방법을 배우지 못하는 듯하다. 아이들은 의문이 생기면 반드시 스승에게나 부모에게 묻고 앎에 이르게 되면 더 성실하게 독서하거나 공부하는 방법을 터득할 수 있는 계기가 되어야 한다. 질문은 모든 공부의 기초임을 알아야 한다.

6년 이상 논술 학원에 다녀도 고등학교 국어 1등급이 안 나오는 이유

무조건 독서를 많이 하면 된다고 생각하여 책 읽히기에만 집중하기 때문에 6년 이상 논술학원에 다녀도 고등학교 국어 성적에서 1등급을 받기 어려운 경우가 많다.

책을 읽는 방법을 스스로 터득할 수 있도록 방향성을 제시해주면 아이의 학교 공부는 자연스럽게 내신 점수와 연결되어 성적이 향상된다. 국어 1등급이 되는 방법은 학생마다 공부하는 방법이 다를 수도 있지만 아이들을 가르치는 데 있어 경험해 본 것들을 6가지 정도로 나열해 보면 다음과 같다.

첫째, 초·중·고 학년별 해당하는 책들을 연결 지어 독서하는 방법을 키워주는 것이다.

둘째, 교과서에 나오는 인물이나 책들은 새로운 학년이 되기 전에 미리미리 사서 읽거나 빌려서 읽어둔다.

셋째, 그 책과 관련된 작가나 내용을 당시 역사적 관점에서 들여다보면서 사회, 정치, 경제, 문화, 예술 등 다양한 연결고리를 찾아내서 읽는 방법들을 터득한다.

넷째, 반드시 우리 고전 역사적 순서대로 읽어가면서 역사적 배경 등을 파악해 두는 것이다.

예를 들면 김시습의 구운몽 → 이순신의 난중일기 → 허균의 홍길동전 → 김만중의 구운몽, 사씨남정기 → 정약용의 목민심서 → 박지원의 열하일기, 양반전, 호질, 허생전 → 혜경궁홍씨, 한중록 등 그리고 백범일지까지 말이다.

다섯째, 우리 판소리 여섯 마당의 내용도 파악해 두면서 판소리의 특징도 함께 공부해 둔다.

여섯째, 특히 6학년들은 한국 단편 소설 1920~1960년대까지 관련된 소설들이나 수필, 시 등을 읽어두는 것이 중. 고등 교과서 내신 1등급으로 가는 길임을 알아야 한다. 초등 6학년이라서 아직은 난해한 내용이지만 부모님이나 스승들께 질문하면서 읽어두는 것이 좋을 것이다. 그리고 여유가 있다면 김구 백범일지에 나오는 나의 소원을 꼭 한번 써보고 여러 번 읽어보자 나중에 고등 국어에서 배울 때 아무래도 낯설지 않고 그 내용이 눈에 쉽게 들어와 공부하는데 도움이 될 것이다.

이렇게 조금씩 미리 읽거나 독서하는 방법을 알아둔다면 훗날 학년이 올라갈수록 아이에게는 많은 도움이 될 것이다.

초등 때부터 논술 학원 다녀도 고등학교 수행평가 1등급이 안 나오는 경우

논술 학원을 다녀도 실력이 늘지 않는 아이들은 대부분 글들이 엉망이거나 두서가 없고 논제에서 요구하는 사항들을 제대로 파악하지 못하고 자신의 생각을 설득력 있게 쓰지 못하거나 논리성이 없기 때문이다. 그렇다면 초등학교 때부터 수행평가를 잘할 수 있는 방법은 수행평가 과제를 능동적 수동적으로 병행하여 채점 기준에 따른 수준을 파악해서 성실성 있는 노력으로 학생 스스로 궁금증 해결하기 위한 탐구 능력을 키우는 것이다. 교과 연계 활동에 적극적인 태도를 보이고 수업 시간에는 최대한 선생님의 설명에 집중하면서 궁금증에 대한 질문을 하면서 스스로 알아보려는 태도로 지식을 쌓아가면서 자신의 관심 분야를 자기 주도적인 학습 태도로 이끌어가야 만이 꾸준히 실력을 키울 수 있는 것이다.

그리고 제시문이 주어지면 독해의 대상을 빠르게 이해하고 주어진 제시문의 주장을 비판적으로 분석하는 능력을 키우는 것도 중요하며 가능하면 논제가 요구하는 내용을 쓰되 주장하고 입증할 부분은 명확하게 쓰는 훈련이 되어야 한다. 자신의 견해를 펼칠 줄 알아야 하고 단순 암기된 지식을 나열하지 말고 적절한 사례를 들 수 있는 창의적인 내용이 돋보여야 하는 것이다. 이러한 능력은 하루아침에 이루어지는 것이 아니라 꾸준한 독서 방법으로 실력을 키우고 지식을 쌓고 정보를 얻으면서 논리적인 사고력을 키우는 데서 비롯된다고 말할 수 있다.

초등 때부터 논술학원에 다녀도 고등학교 가서 수행평가가 낮은 이유는 바로 위와 같은 방법들을 키우지 못하기 때문이다.

제4장
초등학교 때부터 분야별 독서법으로 SKY 준비하자

분야별 독서 공부법이란?

첫 번째 "1부"에서 다뤘듯이 분야별 독서 공부법이란 단순 책을 많이 읽히는 것이 아니라 책 읽는 방법을 통해 어떻게 지식을 연계해 나가느냐가 중요한 것이다.

어떤 책이 있으면 그 책의 작가, 그리고 시대적 배경 그 나라의 역사 문화 그리고 그 시대의 정치, 사회, 경제 등을 연계시켜 나가는 방법이다. 그런 식으로 하다 보면 아이는 지식이 쌓여가고 탐구 정신과 호기심으로 스스로 지식과 정보를 찾고 필요로 하는 책을 깊이 있게 다루려고 할 것이다. 그러다 보면 어떤 문제를 해결해 나가는 것에 있어 논리적이고 독창적인 사고의 폭을 넓힐 수 있게 된다. 그런 독서 방법은 결국 공부하는 교과서와 연결될 것이고 스스로 자기 주도형 학습을 해나가는 데 어려움이 없을 것이다. 게다가 자기 계발을 하는데 자신이 하고자 하는 꿈도 확실해질 것이며 살아가는데 장애물을 이겨내는데도 능력도 키워질 것이다. 스스로 생각하는 지혜를 터득하게 될 것이고 아이가 학문하고 배우는데 즐거움을 찾을 것이다.

분야별 독서 공부의 중요성

공부하는데 있어 실제 도움이 되는 독서 공부법은 아주 중요한 것 중의 하나이다. 공부는 잠깐 하는 것이 아니라 계속하는 힘을 길러야하며 적극적인 태도로 천천히 탐구하고 논증하는 호기심이 있어야 한다.

'언어논술'은 이해력, 논증력, 창의력, 표현력이 뛰어나야 한다. 그러기 위해서는 독서 교육방법이 중요하다. 아이 방에 온통 책이고 책이 아무리 사방에 있다 하더라도 그 겉모습만 간직하면서 알맹이가 빠져있다면 책은 무의미한 활자일 뿐이다.

책에서 필요한 정보를 찾고 읽고 기록하고 정리하면서 쓰고 생각하는 것이 독서를 하는 좋은 방법인 것이다. 수리·과학논술·분야별 독서방법은 정확한 해답을 찾아내서 해결하는 것이 중요한 것이 아니라 문제 해결에 필요한 조건과 풀이 과정의 구성 능력을 갖추는 것이 중요하다. 그런 능력을 갖추어 나가려면 이 방면의 독서 방법을 차근차근 꾸준히 인내심을 가지고 터득해 나가는 것이다. 수학의 원리나 과학의 원리 또는 과학자들이 어떤 원리로 인류 문명에 변화를 가져다주었는지 생각하고 발견해 나가면서 자신이 관심 있는 분야로 발전해가는 태도를 가져야 한다. 교과서 이외 다양한 수학적 개념과 과학의 폭넓은 분야의 개념을 충분히 이해할 필요가 있는 독서 방법으로 접근해 나가는 것이 좋다.

사회·역사 논술 분야도 개념을 이해하고 통합적으로 내용을 파악하고 사고능력과 창의력을 바탕으로 핵심 개념들에 대한 정확한 이해력을 키우는 것이다. 그러기 위해서는 역사와 인문 사회에 대한 책들을 연계시켜 읽어나가는 방법으로 독서를 하면 되는 것이다. 물론 교과서에 나오는 사회, 역사적 내용들을 좀 더 깊게 파고들면서 공부하고 싶다면 더더욱 그 분야에 대한 지식과 정보를 찾는데 노력해야 할 것이다. 역사학자나 사회학자에 대한 꿈이 있다면 이런 방법으로 독서를 깊이 있게 다루는 것도 좋을 것이다.

평범한 자녀들을 최고의 인재로 키워내면서 아이들이 가지고 태어난 재능을 살려주는데 있어서는 독서를 많이 하는 습관도 중요하지만 독서를 어떻게 하느냐에 따른 방법이 더 중요하다고 여러 번 강조하는 것도 독서 방법의 중요성 때문이다. 생각하는 독서로 씨앗이 불어나서 또 다른 씨앗으로 건강하게 싹트는 방법 그래서 튼실하게 열매를 맺는 방법을 터득해야 한다. 그러기 때문에 위에서 말한 독서 방법의 한 축인 연결고리로 이용하는 것이 유리한 독서 교육법이 될 것이라고 거듭 말한 것이다. 요즘 신지식인 농부는 아이들에게 좋은 독서 방법이 있듯이 농부 또한 새로운 농법으로 끊임없이 연구하고 노력하여 튼실하고 좋은 열매를 맺는 성과를 얻고 있다. 그들도 따지고 보면 좋은 농사법을 얻기 위해 창의적인 생각으로 노력했기 때문에 좋은 결과를 얻어낼 수 있었다고 할 수 있다.

제5장
꿈을 구체적으로 적어보거나 학년별 그려보기

나의 꿈 목록 적어보기(초등 1~2학년)

예) 초등학교 1~2학년의 꿈

내가 원하는 직업	동물학자
내가 가장 존경하는 인물	제인구달
가장 기억에 남은 책	파브르 곤충기
좋아하는 공부	과학
관심 있는 분야	과학, 미술
취미	그림 그리기
자신이 가장 잘하는 것	동물, 관찰기록장쓰기
좋아하는 색깔	녹색
좋아하는 동·식물	강아지, 장수풍뎅이, 야생화
위인 중 가장 닮고 싶은 인물	파브르

위의 표를 종합해서 꿈을 구체적인 그림으로 그려보거나 적어본다.

내가 관심 있는 것은 과학 분야이면서 원하는 직업은 동물을 좋아하고 존경하는 인물이 제인 구달이라서 동물을 돌보는 일을 하고 싶다.

1~2학년 꿈의 목록 적어보기(부모의 지도하에 함께 적어보기)

내가 원하는 직업	
내가 가장 존경하는 인물	
가장 기억에 남은 책	
좋아하는 공부	
관심 있는 분야	
취미	
자신이 가장 잘하는 것	
좋아하는 색깔	
좋아하는 동·식물	
위인 중 가장 닮고 싶은 인물	

초등 1~2학년은 앞에서 말한 꿈의 목록을 책에 직접 기록해 보는 것도 중요하지만 A4 용지에 꾸며서 원하는 직업의 그림과 함께 목록을 직접 만들어서 자신의 책상 앞에나 잠자리에 누웠을 때 가장 잘 보이는 천장에 붙여서 미래를 상상해보고 머릿속으로 꿈을 그려보는 것도 꿈을 이룰 수 있는 방법이다.

나의 꿈의 목록 기록해 보기 (3~4학년)

예) 초등학교 3~4학년의 꿈

"준비하고 있는 자에게 기회가 온다." -괴테-

내가 가장 갖고 싶은 직업	수채화 그림을 그리는 화가
가장 존경하는 인물	모네
가장 기억에 남은 영화	고흐, 영원의 문에서
가장 기억에 남은 음악	모짜르트
가장 기억에 남은 미술	모네의 수련
가장 기억에 남는 책	베니스 상인
좋아하는 공부	국어
관심 있는 분야	미술, 디자인
취미	여행
자신이 가장 잘하는 것	그림 그리기
좋아하는 색깔	파랑
좋아하는 동·식물	장미, 수련
위인 중 가장 닮고 싶은 인물	세익스피어

위에 표를 중심으로 종합적으로 꿈으로 연결시켜 구체적으로 표현해 본다. 나는 ○○○이다. 내 꿈은 그림을 잘 그리는 화가지만 상품의 디자인을 미술과 문학으로 연결시킨 일을 해보면서 아이디어를 얻기 위해 취미로 여행하면서 클래식 음악을 듣고 때때로 장미가 가득 찬 정원을 거닐며 고흐와 모네의 그림을 연상하며 셰익스피어의 한여름 밤의 꿈을 읽을 수도 있을 것이다.

이렇게 구체적으로 자신의 이름을 밝히고 꿈의 목록들을 작성한 내용들을 중심으로 표현해서 써본다. 마찬가지로 책상 앞이나 천장 위에 붙여놓거나 해서 자신의 꿈의 세계를 그리며 상상해 보고 이루어보고자 노력한다.

3~4학년의 꿈의 목록 적어보기

내가 가장 갖고 싶은 직업	
가장 존경하는 인물	
가장 기억에 남은 영화	
가장 기억에 남은 음악	
가장 기억에 남은 미술	
가장 기억에 남는 책	
좋아하는 공부	
관심 있는 분야	
취미	
자신이 가장 잘하는 것	
좋아하는 색깔	
좋아하는 동·식물	
위인 중 가장 닮고 싶은 인물	

나의 꿈의 목록 적어보기 (5~6학년)

5~6학년은 1~2학년이나 3~4학년에 비해 훨씬 더 자세히 구체적으로 폭넓게 생각하며 꿈을 생각해 본다. 진지한 태도로 자신이 무슨 일을 하고 싶으며, 무슨 공부를 할 때 가장 신나고 재미있는지, 그리고 자신이 제일 잘하는 분야는 무엇이고 취미는 무엇이며 가장 닮고 싶은 인물과 가장 기억에 오래 남은 책은 무엇 때문인지 써보는 것이다.

5~6학년쯤 되면 자신의 주장이 강해지고 어느 정도 자신이 좋아하거나 해보고 싶은 것들이 명확해지기 때문에 꿈에 대한 목록 작성을 세세히 적어볼 수 있다.

예) 5~6학년 꿈에 대한 목록 적어보기

"보다 구체적인 계획을 세워라." -노먼V,필-

세상에서 꿈이 없이 그냥 살아가는 것은 시간을 낭비하는 것이다. 꿈이 있는 사람은 목표에 도달하기 위해서 노력하기 때문에 힘든 일이 있어도 행복하다.

내가 가장 존경하는 인물	아인슈타인
내가 가장 해보고 싶은 일	물리학 교수
내가 가장 좋아하는 공부	과학
내가 힘들 때 듣는 음악	비발디 사계
내가 좋아하는 분야	별 관찰하는 것 (우주의 세계)
내가 좋아하는 영화	알라딘
내가 가장 잘하는 것	우주의 세계 그림 그리는 것
내가 좋아하는 문학가	세르반테스
내가 좋아하는 과학자	뉴턴과 아인슈타인

내가 좋아하는 철학자	플라톤
가장 기억에 남은 책	돈키호테
취미	여행
좋아하는 동·식물	고래
좋아하는 색깔	파랑
좋아하는 음악	파스타
가보고 싶은 여행지	이탈리아 피렌체
가장 닮고 싶은 인물	나플레옹
가장 좋아하는 스포츠	펜싱
혼자 있을 때 무엇을 하는가	공상하며 놀기

나는 과학 분야에서 특히 물리학을 전공해서 물리를 가르치는 교수 ○○○이다.

과학 분야에 관심이 많고 돈키호테처럼 망설임 없이 도전하면서 꿈을 키워가는 사람으로 비발디 음악을 듣는다. 고래가 헤엄치는 모습과 우주로 날아가는 공상에 잠기며 알라딘의 램프를 타고 이탈리아 피렌체로 날아가 갈릴레오 갈릴레이의 업적을 따라 다시 영국으로 가 뉴턴의 발자취를 더듬어보고 아인슈타인의 상대성 이론을 들여다보며 공부하면서 잠깐 휴식 겸 스포츠로 펜싱을 배우며 좋아하는 음식으로 파스타를 먹고 있다. 프랑스 영웅 나폴레옹의 '불가능이란 없다'를 기억하며 내 분야인 과학에서도 물리학을 열심히 공부할 것이다.

예를 들면 이런 식으로 구체적으로 기록하면서 A4 용지에 적어서 책상 앞에 붙여두거나 천장에 붙여두면서 기억하는 것이다. 자신의 꿈을 향해 한 발짝 한 발짝 나아가는 것이다. 이렇게 꿈을 구체적으로 그린 사람들은 대부분 성공했다고 한다.

5~6학년 꿈의 목록 적어보기

내가 가장 존경하는 인물	
내가 가장 해보고 싶은 일	
내가 가장 좋아하는 공부	
내가 힘들 때 듣는 음악	
내가 좋아하는 분야	
내가 좋아하는 영화	
내가 가장 잘하는 것	
내가 좋아하는 문학가	
내가 좋아하는 과학자	
내가 좋아하는 철학자	
가장 기억에 남은 책	
취미	
좋아하는 동·식물	
좋아하는 색깔	
좋아하는 음악	
가보고 싶은 여행지	
가장 닮고 싶은 인물	
가장 좋아하는 스포츠	
혼자 있을 때 무엇을 하는가	

꿈을 이루기 위해서는 "할 수 있다." "가능한 꿈을 크게 갖자." "포기하지 말고 끝까지 노력한다."의 각오로 스스로 자신의 꿈을 향해 한 계단 한 계단 밟아 올라가다 보면 자신이 원하는 궤도에 진입할 것이다.

제6장
명문가의 독서 방법
(조선시대 명문가 독서 방법)

조선 독서의 왕 백곡 김득신 (1604~1684)

백곡 김득신은 조선 중기의 뛰어난 문인이자 시인이다. 백곡이라는 호보다는 '독서왕'이라는 수식어가 김득신 이름 앞에 주로 붙는다. 초등학교 5학년 2학기 국어책에도 김득신이 나온다. 우둔한 김득신을 아버지 김치는 포기하지 않고 아들 김득신이 끝까지 해내는 것을 지켜봐 주었다. 꾸짖기보다는 오히려 격려하며 아들이 성실하게 노력하는 자세를 높이 샀다고 한다. 결국 김득신은 그렇게 지켜봐 주고 기다려주는 아버지의 교육 방식에 자신만의 특별한 공부법을 찾고 독서하는 방법을 찾아내어 남들이 한 번 읽을 때 열 번을 읽고, 남들이 열 번 읽을 때 그는 100번, 1,000번을 읽으면서 그 책의 의미를 터득하게 됐다. 스스로 부족함을 끊임없이 노력하여 포기하지 않고 늦은 나이 59세에 문과에 급제해 성균관에 입학하게 된다. 둔재로 태어나 많은 사람들이 포기하라고 했으나 아버지 김치는 끝까지 김득신을 포기하지 않고 기다려 주었으며, 모든 것을 힘쓰고 노력하다 보면 안 되는 것이 없다는 사실을 아주 잘 보여주는 사례다. 그는 수많은 책을 읽고 시를 쓰고 글을 썼다. 김득신의 묘비에는 다음과 같은 글귀가 새겨져 있다고 한다.

"재주가 남만 못하다고 스스로 한계를 짓지 마라. 나보다 어리석고 둔한 사람도 없겠지만 결국에는 이룸이 있었다. 재주가 부족하거든 한 가지에 정성을 쏟으라. 모든 것은 힘쓰는데 달렸을 따름이다."

김득신은 노력하고 꾸준히 배움의 태도를 잃지 않았기 때문에 조선을 대표하는 독서의 왕 중의 한 사람으로 오늘날까지 여전히 잘 알려져 있다고 본다.

자유분방하고 호기심 많은 교산 허균(1569~1618)

허균은 당대(광해군) 명문가 후손으로 자유분방한 삶과 파격적인 학문에 도전한 인물이다. 굴곡이 많은 정치인이자 신분적 차별로 「홍길동전」을 썼다. 결국 인목대비의 폐비 사건에 휘말리면서 역모로 몰리게 되었으며, 광해군 때 축출되고 죽음에 이르게 된다. 그는 명문가 집안의 출신으로 글재주가 뛰어났으며, 유학을 깊이 공부하면서도 자신이 자유분방하고 호기심이 많았던 사람으로 당시 금기시했던 불교와 도교에 관심을 가져 도교에 관한 은둔생활을 다룬 「한정록」을 쓰기도 했다. 그리고 정치에 몸담고 있을 때 명나라 사신으로 다녀오면서 새로운 학문에 대한 호기심으로 새로운 문물이 담긴 서적과 천주교에 관한 기도문을 가져오기도 했다. 허균은 스물여섯 살에 과거에 급제하여 벼슬길에 올랐으나 정치적 탄핵으로 영창대군을 옹립한다는 역모에 휘말려 벼슬길에서 쫓겨나 유배를 가는 힘든 일을 겪게 되었다. 그리고 그는 나중에 결국 역모의 죄를 벗어나지 못하고 능지처참 형을 당하게 된다. 그러나 그의 뛰어나 학문과 글은 정치적 성향을 떠나 그의 독서하는 태도나 방법은 높이 살만하다.

허균은 더위를 이기기에는 책만한 것이 없다는 표현을 자주 했으며, 오로지 독서는 사람에게 이로움을 주면 주었지 해로움을 주지는 않는다. 독서로 할 수 있는 곳이 낙원이며, 독서 습관에서 독서 방법도 터득되는 것이고 호기심도 생기는 것이라 할 정도로 책에 대한 관심과 글쓰기를 살아있는 동안 게을리하지 않았던 것이다. 허균이 쓴 「한정록」은 일상생활에서 부담 없이 읽을 만한 책으로 열심히 무조건 책을 많이 읽고 일을 많이 하여 더 많은 것을 얻으라기보다는 마음 가는 대로 쉬면서 스스로를 지키고 살아가라는 의미 있는 글들이 많다.

그리고 허균의 누이는 초등학교 5학년 1학기 국어책에 나온 허난설헌이다. 그의 누이 또한 뛰어난 여성 문학가로서 유명하다. 하지만 허난설헌 또한 문학가로서 삶보다 시대상으로 여성의 한계점에 부딪히게 되고 결혼이란 관습에 얽매이게 되면서 시집살이에 시달리다 결국 죽음으로 생을 마감하게 된다. 그녀의 작품들은 허균이 훗날 정리하여 오히려 조선보다는 명나라에서 그녀의 뛰어난 글솜씨를 알아보고 출판한 것이다. 이렇게 허균의 집안은 글과 독서에 뛰어난 명문가 집안으로 후

세까지 길이 남겨진 것이다. 허균의 「한정록」 중 독서에 관한 글들이 있다.

"학문을 하는 데는 먼저 뜻을 세워야 한다. 뜻이 정해지지 않으면 일을 이룰 수 없다."

"공부는 모르는 데서 점점 아는 것이 생기는 것이고 잘 아는 데서 점점 또 모르는 것이 생기도록 해야 하는 것이다."

"가장 즐거운 것은 독서만 한 것이 없으며 가장 중요한 것은 자식을 가르치는 것만한 것이 없다."

"독서는 비단 사람의 기질을 변화시킬 뿐만 아니라 사람의 정신도 기를 수 있으니 이것은 이(理)와 의(義)가 사람의 몸과 마음을 단속하는 것이기 때문이다."

아들에게 독서의 중요성을 가르친 다산 정약용 (1762~1836)

다산 정약용은 훌륭한 아버지로서 조선 정조 때의 실학사상가로 대표적인 저서 「목민심서」,「경세유포」,「아버지의 편지」 등등 많은 저서를 남겼으며 무려 500여 권이 넘는 책을 썼다. 다산의 활약상은 너무나 화려하고 뛰어나서 나타내기에도 부족하다. 그 유명한 수원 화성을 축조하고 정조의 명을 받아 암행어사로서 활동하며 지방 수령관을 위해 백성을 위한 정치를 하고 민심을 살피라는 뜻에서 「목민심서」를 지었다는 것만 봐도 백성을 사랑하고 나라를 위한 마음이 큰 애국자였음을 알 수 있다. 그러나 불행하게도 정조의 승하 후 다시 당파 싸움으로 천주교인들의 박해로 황사영의 백서 사건으로 그는 한양에서 먼 전라남도 강진으로 유배를 가게 된다. 그의 가문은 그로 인해 풍비박산이 되어

셋째 형 정약용은 순교를 택하여 죽었으며, 형 정약전은 흑산도로 유배를 갔고, 정약용은 강진에서 18년 동안 귀양살이를 하게 된 것이다. 그러나 정약용은 귀양 가 있으면서도 몸과 마음을 흐트러짐 없이 가다듬고 독서를 게을리하지 않았으며, 꾸준히 책을 쓰고, 두 아들 학연과 학유에게 자주 편지를 쓰면서 공부를 게을리하지 말 것과 집안이 기울었다고 해서 독서하는 것을 그만두는 것도 하지 말 것이며, 독서할 때에는 뜻을 분명히 파악해야 한다는 것을 명심하면서 독서하는 방법을 잘 익혀야 한다고 강조했다. 그러면서도 독서는 집안을 일으켜 세울 수 있는 계기가 될 수 있으며, 무너진 집 안을 다시 되돌릴 수 있는 기회가 주어질 것이니 어렵고 힘들다고 포기하는 것이 아니라 했다. 올바른 뜻을 확실히 세워 노력한다면 반드시 좋은 결과가 있을 것이며 인내하는 법도 배워야 한다고 했다. 그렇다고 독서란 그냥 읽기만 많이 한다고 되는 것이 아니라 어려움에도 굴하지 않고 독서에 정진하는 방법을 자신들이 스스로 터득하며 굳은 신념을 가지고 학문에 열중하라는 의미였다. 귀양살이를 하면서도 오로지 백성을 걱정하고 두 아들에게는 절대로 공부를 손에서 놓아서는 안 되는 것을 강조하며, 독서하는 방법에서 안목을 넓히고 뜻과 기품을 세우고, 옛 성현들의 가르침을 허투루 보아서는 안 된다는 것을 강조한 것이다. 그가 아들들에게 생각하는 독서법을 하라고 한 것도 지식이란 그저 무조건 많은 책을 갖추고 대충 읽는 것이 아니라, 책을 읽되 눈으로만 볼 것이 아니라 책을 읽을 때 올바른 뜻을 분명히 알고, 알지 못하는 것이 있으면 두루 찾아보면서, 그 깊이를 연구하여 그 근본의 뜻을 알아내어 그와 연계된 학문으로 다양하게 섭렵할 것을 당부한 것이다. 그런 위대한 학자이자 과학자이며 정치가였던 정약용은 서양의 르네상스의 대표적인 천재 레오나르도 다빈치에 맞먹는 조선의 르네상스로 불린 실학사상의 대두였고 조선의 천재였음은 분명한 사실이다.

'책 읽는 바보'라 칭한 문장가 이덕무 (1741~1793)

조선 후기 서울 출신 이덕무는 서얼 출신인 환경에서 자랐지만 명문가 못지않게 스스로 배우고 익히는 것을 즐겨 하여 특별한 스승 없이 독학으로 학문에 몰두하였다. 그의 시는 뛰어나 청나라까지 이름을 떨쳤으며, 박제가, 유득공, 서상수, 성대중과 같은 서얼 출신의 실학 사상가들과 어울리고 서로 좋은 영향을 주고받으며, 나중에 실학의 대가들인 박지원, 홍대용, 이서구 등 북학파들과 학문을 하고, 강세황, 심사성, 이인상 등의 서화가들과도 교류하며 지냈다. 그만큼 이덕무는 뛰어나 학문뿐만 아니라 그림에도 조예가 깊었다고 한다. 특히 시문에 뛰어난 규장각 경시대회에서는 여러 번 장원을 하여 그가 〈성시전도〉를 보고 읊은 백운시는 정조 임금으로부터 '아(雅)'라는 평가를 받아 호를 '아정(雅

亭)'이라 칭하였다고 한다. 그는 독서하는 방법에 있어 자신이 관심이 많은 분야인 학문을 공부하면서도 서화에도 상당한 관심이 많아 서화에 관한 지식을 수집하는데 중국의 서화에도 능하여 그 나라 문인과 화가에 대한 자신의 생각을 밝히는데 주저함이 없었다. 그만큼 이덕무는 독서를 하고 학문을 하는 데 있어 다양한 관심 분야가 많아 박학다재한 사람으로 바둑에도 일가견이 있었다고 한다. 그래서 정조 임금은 그런 박학다재한 이덕무를 성균관 유생들이 서얼 출신이라 성균관에 들어오는 것을 반대하자 "적자와 서자를 구분 짓는 것은 그 집안의 제사 때나 할 일일지 모르나 내가 나를 위해 인재를 쓰는 이 성균관에서는 있을 수 없는 일이니 차별을 금하니라."라고 했다고 한다. 이덕무는 비록 가난하고 서얼 출신이긴 했으나 어려서부터 총명하고 지혜롭게 공부하는 태도가 몸에 익숙하여 스스로 독학하여 책 읽기에 여념이 없는 명문가보다 더 명문가다운 면모로 학문에 열중했다고 한다.

또한 박학다재하다 보니 외교적 수완도 뛰어나 여러 차례 중국 청나라 심양에 사신으로 다녀오기도 했다. 이덕무가 죽은 후에도 정조 임금은 그가 가난한 살림살이에도 오로지 책 속에 묻혀 지내면서 규장각 검서관으로 몸을 돌보지 않고 지나치게 많은 업무로 갑자기 운명하자 그의 재능과 지식이 잊히지 않는다고 했으며, "가난은 선비의 재산이다. 배부른 자가 어찌 학문을 하겠는가?"라고 했으며 정조 임금은 가난했던 이덕무의 죽음을 안타깝게 여겨 유고집을 간행하게 명했다. 또 조정

대신들에게 이덕무 유고집 간행 비용을 각축하라는 명을 내려 여러 대신들과 정조의 하사금까지 합쳐 모두 2,000냥이 걷히게 되어 드디어 이덕무의 유고집「아정 유고」를 간행하게 되었다고 한다. 그는 그 누구보다도 치열하게 공부하고 학문을 스스로 섭렵했다. 조선 정조시대 가장 뛰어난 학문으로 두각을 나타낸 이덕무는 스스로 책만 아는 바보라 하였으나 가난하여 집 안에 장서는 없었으나 그의 독서하는 태도가 귀감이 되어 사람들은 그에게 책을 빌려줌에 있어 꺼리지 않았다고 한다. 평생 읽은 책이 2만 권이 넘고, 손수 필사하는 책이 수백 권에 달하며, 가난하고 힘든 환경에서도 책을 읽고 글을 쓰는 것을 위로로 삼았다. 이덕무는 독서하는 방법에서도 늘 단정한 자세로 책을 읽고 섭렵했기에 독서법에 따라 공부하는 방법을 달리했다. 목표에 따라 시간을 정하고 책을 필사할 때는 그 내용을 더욱 깊이 있게 이해하면서 공부했다고 한다. 그가 기록한 독서일기는 「관독일기」로써 독서일기와 필사의 힘으로 그가 성공적으로 공부할 수 있었던 것은 읽기와 쓰기에서 비롯되었다고 했다. 연암 박지원은 이덕무를 기르며 이렇게 탄식했다고 한다.

"지금 그의 시문을 영원한 내세에 유포하려 하니 후세에 이덕무를 알고자 하는 사람은 또한 여기 세어 구하리라 그가 죽은 후 혹시라도 그런 사람을 만나볼까 했으나 그만한 인재를 얻을 수가 없구나."

명재상인 명문가 출신 유성룡 (1542~1607)

서애 유성룡은 집안 대대로 명문가 집안으로 조부와 부친으로부터 어린 시절 가학(家學)을 전수받아 4세 때 글을 깨우친 천재였다. 어린 시절부터 학자가 될 꿈을 가지고 성장하여 21세에 형 운룡과 함께 퇴계 이황의 문하로 들어가 학업에 매진했으며, 이 두 형제의 학문하는 태도와 매진하는 것을 스승인 도신이 그의 자질을 높이 사 칭찬을 아끼지 않았다고 한다. 형 운룡은 다른 선비들보다 일찍 과거 시험에 합격하여 벼슬길에 올랐으나, 세태를 한탄하여 과거시험의 벼슬보다는 오히려 학문에 전념하는 것이 나을 것 같아 벼슬에 뜻을 두지 않으려 했다고 한다. 퇴계 이황은 유성룡을 가리켜 형에 이어 유성룡 또한 하늘이 내린 뛰어난 인재이며 장차 조선을 이끌어 갈 큰 학자가 될 것임을 알아채고 크게 칭찬을 아끼지 않았다고 한다. 이렇게 20대 시절 유성룡은 스승인 퇴계 이황의 학문과 인격을 흠모하여 배우기를 힘쓰고 이를 실천에 옮기는 것을 인생 최고의 목표로 삼으며 학문에 혼신을 다했다는 것이다. 어린 나이에 과거 급제하여 출세 가도를 달리고 외교관 자격으로 명나라에 갔을 때 그의 학문적 역량을 파악한 중국의 한 학자는 그를 '서애 선생'이라 부르며 존경을 표했다고 한다. 30여 년 동안 벼슬에 있었던 그는 첫 벼슬인 승문원권지부정자를 시작으로 1580년에는 부제학에 올랐다. 그리고 1593년에는 영의정까지 오르는 탄탄대로와 타고난 기질과 학문 그리고 명문가 가문의 배경까지 출세의 가도를 달린 학자이자 정치가였다. 그만큼 학식도 뛰어나고 선견지명도 뛰어난 그는 조선 중기 최고의 경제사로서도 뛰어난 학자였으나 임진왜란 때는 당파 싸움에 휘말려 일본과의 화친을 주도했다는 누명을 쓰고 영의정에서 파직되기도 했다. 유성룡은 정치적 희생으로 억울함을 안고 고향인 안동 하회 마을로 낙향하여 은거하는 동안 그의 누명이 벗겨지고 관직에 다시 오르게 되었다. 하지만 마음에 오랜 상처가 남기도 했다고 한다. 그런 상황에서도 그는 학문을 손에서 놓지 않고 꾸준히 해나갔다.

그리고 그는 임진왜란 회고록인 「징비록」을 저술했다. 자식들에게는 살아생전 청렴의 중요성을 가르치는데 게을리하지 않았다. 붕당 싸움과 임진왜란을 교훈 삼아 내우외환으로 국가를 더욱 강하게 해야 한다는 의견을 모아 훈련도감을 실시하여 조선 후기에 이르러 5군영 가운데 가장 중추적인 군영으로 성장시키는데 공헌했다. 그는 또 고통 받는 백성들을 구제하는 데 있어서 실질적인 개선책을 마련하는데도 앞장선 선구자적 자세를 몸소 실천한 학자이기도 했다. 사대부 명문가 집안의 자제로서 학문에 전념하면서도 벼슬길에 올라서는 선견지명의 태도를 가지고 나라를 생각하고 백성을 생각하면서 학자로서 올곧은 마음과 태도로 유생들에게 추앙받는 학자였음을 알 수 있다. 그의 자녀 교육관을 엿볼 수 있는 글이 있다.

"비록 세상이 어지럽고 위태로워도 남자라면 학문을 중단해서는 안 된다."

"백이는 시야에 들어오는 나쁜 것은 보지 않았고, 귀로는 나쁜 소리를 듣지 않았다. 욕심을 내거나 인색한 말을 입 밖에 내지 말아야 하며, 젊어서 공부할 때는 깊이 생각하고 실천을 위주로 해라."

"독서란 생각이 중심이다. 생각하지 않는다면 보고 들은 것은 그대로 다른 사람에게 전달하는 데 그치는 수준밖에 안 된다. 그러면 많은 책을 읽어도 소용이 없다. 어떤 사람은 다섯 수레의 책을 입으로 줄줄 외우고 기억하지만 그 글의 뜻과 의미를 알지 못한다. 그것은 생각하지 않으면서 책을 읽었기 때문이다."

그의 독서 방법의 태도가 잘 드러나 있음을 알 수 있다.

명문가다운 자재로 시대를 읽은 율곡 이이(1536~1584)

이이(이율곡)은 어려서부터 신동이라 불리었으며 9번 과거 급제한 인물로 서울에 본가를 두었으나, 태어나기는 어머니 신사임당의 친정, 즉 외가에서 출생하였다. 16세 때 어머니 신사임당이 돌아가시자 파주 두문리 자운산에 장례하고 3년간 시묘한 후 1555년 20세 때 다시 유학에 전념한 후, 1564년 호조좌랑을 시작으로 1568년 선조 임금 때 천추사의 서정관으로 명나라에 다녀오기도 했다. 1582년 이조판서에 임명되고, 「김시습 전」을 썼으며 「학교모범」을 지었고, 1583년 「시무육조」를 올려 외적을 침입을 대비해 십만양병을 해야 한다고 선조 임금에게 주청을 하기도 했다. 이이는 항상 사대부는 위에서부터 바르게 하여 기강을 바로잡고 실효를 거두어야 하며, 시의(時宜)에 따라 폐법을 맞게 개혁해야 하고, 때에 따라 변통하여 법을 만들어 백성을 구하는 것이라 하였다. 그는 또한 사화의 폐단을 바로잡아 사화로 억울함을 당한 선비들은 그 원한을 풀어주고 붕당의 폐를 없애고 화합할 것을 구체적으로 논의하여 국가를 튼튼히 하고 국맥(國脈)을 바로잡을 수 있다고 했다.

그가 지은 「격몽요결」 중에서 무릇 책을 읽는 자는 반드시 단정히 손을 모아 무릎을 꿇고 앉아서 공경하는 마음가짐으로 책을 마주하여 마음을 오로지하고 뜻을 극진히 하며, 자세히 생각하고 잘 읽고 깊이 생각해야 한다고 했다. 뜻을 확고히 세우고 배움에 있어 중요한 것은 꾸준히 공부에 힘쓰고 올바른 자세와 품은 뜻을 확고히 하여 실천함에 게을리하지 않고 슬기롭게 처신하여 학문에 전념하는 것이 선비 된 자의 마음가짐과 태도라 하였다. 독서를 할 때도 무조건 많은 책을 서둘러 보는데 힘쓰지 말고 독서를 넓게 읽을 수 있어야 하며 질문이 있으면 스승에게 자세히 묻고 생각은 반드시 신중하게 하며, 분별은 명확하게 하여 깊이 있는 독서 방법으로 학문에 나아가야 한다고 했다. 그러니 먼저 공부를 하거나 독서를 하는 데 있어 먼저 뜻을 세워야 굳건한 의지가 있어 배우는데 나태해지지 않고 매일 목표한 공부를 하는 데 도움이 되고 나쁜 유혹에 빠지지 않는다는 것을 강조했다. 이이의 독서교육법은 이렇듯 많이 읽고 외우는 데 연연하지 말고 책을 고를 때 공부하고자 하는 목표가 뚜렷한 방향으로 나아가는 독서를 하되 깊이 있게 안목을 넓히고 스승에게 질문을 많이 하고 스스로 바른 자세와 마음가짐으로 책을 읽고 나쁜 유혹에 빠지지 않도록 몸가짐을 가지런히 하는 것이 학자다운 언행 일치라는 취지를 말한 것이다. 이런 모습에서 그 집안의 명문가다운 면모를 엿볼 수가 있다.

천재시인이자 학자인 곧은 성품 김시습(1435~1493)

매월당 김시습은 어려서부터 뛰어난 글솜씨와 시를 잘 지은 시인이며, 신동으로까지 알려져 세종대왕까지도 그에게 전지를 내렸다고 한다. 책을 좋아하고 시 쓰기를 즐겼던 그는 큰 욕심 없이 올바르고 곧은 성격을 지녔다고 한다. 그런데 단종을 폐위하고 왕위를 차지한 수양대군의 왕위 찬탈 소식에 보던 책들을 다 불사르고 머리를 깎고 집을 나가 전국을 떠돌아다니게 된다.

세조는 왕위에 오르자 단종의 편을 들었던 사육신들을 죽이자 김시습은 그 시신을 밤중에 몰래 묻어주었다. 그리고 그는 전국을 방랑하면서 세조의 정치에 울분을 삭이며 유랑한 시대의 불운한 지식인이었음을 알 수 있다. 재주와 지혜가 뛰어나고 학식이 뛰어났지만 시대의 운에 맞지 않아 절개를 지키며 생을 살아간 인물이었다. 그는 어려서부터 글 읽기가 뛰어나고 자신에 대해 확고한 신념이 있었던 학자였다. 비록 불운한 현실로 방랑과 은둔의 삶을 살았지만 끝까지 절개를 지켰으며, 유교와 불교 정신을 아울러 포섭한 사상과 탁월한 문장가로서 세상을 풍미하였다. 그리고 그가 쓴 최초의 한문 소설 「금오신화」는 중국의 「전등신화」의 영향을 받았으나 한국 전기소설의 효시라고 할 수 있다. 「금오신화」에는 5편의 내용이 수록되어 있다. 〈이생규장전〉, 〈만복사저포기〉, 〈남염부주지〉, 〈취유북벽정기〉, 〈용궁부연록〉 등이 실려 있다.

매월당 김시습은 조선시대 뛰어난 문장가이자 시인이면서 학식이 매우 뛰어난 사람으로 그가 공부하고자 하는 의지가 어려서부터 강해서 신동으로 불린 것만 보아도 바른 선비로서 굳은 의지와 올곧음을 지녔다는 것을 알 수 있다. 조선을 대표한 문장가의 한 사람으로 천재적 기질을 지닌 시인이자 소설가로서 당시 정치적으로 어긋난 상식과 맞서 싸웠다. 그는 스스로 몸을 돌보지 않고 방외(속세를 버린 세계)로 방랑하며 조선 산천 그의 발자취가 미치지 않은 곳이 없었다고 할 정도였다. 어린 시절 뛰어난 신동이며 천재였던 그를 성군 세종이 총애하여 비단을 하사했지만, 김시습은 그런 명석한 두뇌였음에도 불구하고 벼슬길에는 뜻이 없었다. 김시습은 고금의 문서나 책을 꿰뚫지 않는 것이 없었으며 어떠한 질문에도 대답하지 못하는 것이 없었을 정도로 학식이 뛰어난 문장가였다고 한다.

조선 최고의 사상가 중 한 사람으로서 사회의 기성 틀에서 벗어나 자신만의 독자적인 사상을 지니고 전국을 방랑했던 그의 절개는 진실로 높이 사야 했다. 그가 옳다고 선택한 길은 굽히지 않고 자신만의 철학과 사상으로 학자답게 방랑 시인답게 세상을 향해 나아갔던 것이다. 이렇게 조선의 명문가다운 교육이나 집안의 내력을 살펴보면 선비답게 살고자 하는 것이 결코 쉽지만은 않다는 것을 알 수 있다. 우리가 우리 아이들에게 독서를 교육하고 공부를 강요하는 것도 중요하지만 자신의 뜻을 어떻게 올바르게 펼치고 곧은 태도로 살아가야 하는지가 더 중요하다. 선하고 곧은 마음가짐이 얼마나 힘들고 어려운 것인지 몸소 실천해 보면 알게 될 것이다. 그만큼 실천하는 교육은 어렵다. 몸소 실천한다는 것은 눈에 보이는 것도 있지만 눈에 보이지 않는 것도 함께 공존하기 때문에 실천하고자 할 때는 올곧은 마음으로 성심성의껏 해내야 하는 것이다.

독서와 학문으로 한 시대를 이끈 우암 송시열 (1607~1689)

우암 송시열은 조선 후기 문신이자 학자이며 노론의 영수로서 이이의 학문을 계승하고, 율곡 이이와 조광조 사상을 존경하면서 그들의 학풍을 이어받았다. 어렸을 때부터 책을 좋아하고 자신이 이끌렸던 방향으로 학문을 받아들이고, 교육은 항상 철저하게 하며 한결같이 꾸준히 학문하는 것을 좋아했다. 그는 자신을 속이지 않고 올바르게 배우는 것이 바로 선비다운 모습이라고 강요했다고 한다. 그는 자신만의 독서 방법으로 학문을 갈고닦아 자신의 사상과 철학을 집대성한 학자이기도 했다.

그는 또 주자학 대가로서 주자의 성리 사상과 실천 이념을 충실하게 계승하여 이이, 조광조, 김장생으로 이어졌던 학통을 발전시키고자 했던 것이다. 그의 철학 사상도 이론보다는 실천적 수양과 사회적 변용에 더 역점을 두는 것이 옳다고 생각했다. 그가 쓴 문장은 논리정연하면서도 완곡한 면과 강건하고 힘이 넘치는 문장으로도 평판이 높았다. 병자호란 후 인조의 뒤를 이어 봉림대군(효종)이 임금이 되고 송시열은 효종과 북벌 계획론을 상의하기도 하면서 본격적으로 벼슬길에 오르게 된다. 그런데 효종의 갑작스러운 죽음으로 예송 논쟁으로 당파 간 다툼이 일어나 귀양살이를 하기도 했다. 송시열이 정치를 떠나 있는 동안 숙종이 임금 자리에 오르고 나서 잠시 벼슬길에 올랐으나 숙종이 후궁 장씨를 희빈으로 책봉하고, 그녀의 아들을 원자로 정하자 송시열은 이에 반대하는 상소를 올렸다가 사약을 받게 된다. 그때가 1689년이다. 하지만 다시 서인이 세력을 잡자 그의 명예도 다시 회복되었으며, 그는 역사적 평가에서도 조선을 대표하는 학자 겸 정치가로서는 조선 사회에 크나큰 영향을 끼쳤다는 것에 있어서는 이의가 없을 것이다.

우암 송시열은 이렇게 조선시대 유교의 대가 중 한 사람으로 어릴 때부터 총명하고 학문이 뛰어나 스승 김장생의 문하생으로 있을 때 그의 집인 회덕에서 스승이 머무는 연산까지 백 리를 하루도 거르지 않고 도시락과 책을 들고 다녔다고 한다. 책을 읽고 공부를 하면서 자세는 바르고 옳게 수행했다고 하니 그의 성품과 학자로서 면모와 정치가로서의 올곧음을 알 수 있다. 항상 정신을 맑게 하고 생의 지침이 되는 좋은 책을 많이 읽어서 올바른 행실을 닦고 마음을 참되게 하여 명문가다운 가문을 이어갈 것을 분명히 했다고 한다. 조선의 학문과 사상 그리고 정치 사상을 좌우하는 막강한 학자로서 많은 영향을 끼쳤다. 그는 학문하려는 젊은 선비들에게 올바른 독서와 명상으로 학문을 연마해야 만이 세상의 이치를 깨달을 수 있으며 학문을 수행했을 때 올바르게 세상을 향해 나아갈 수 있음을 깨우쳐 주었다. 우암 송시열은 위대한 정치가로서 학문적 사상가로서 조선을 대표했던 사람임에는 틀림없는 사실이다.

나라에 난리가 일어났다고 해서 공부를 게을리하거나 책을 멀리해서는 안 된다고 한 것은 그만큼 공부를 하는 데 있어서 학문을 소홀히 해서는 안 된다는 그의 확고한 교육방식의 철학과 독서 방법이 있었다. 그래서 우암 송시열은 명문가다운 집안으로 오늘날까지도 여전히 조선 최고의 학자 중 한 사람으로 추앙받고 있는 것이다.

타고난 총명함과 어머니의 교육을 받은 명문가 자제
서포 김만중(1637~1692)

서포 김만중은 조선조 예학의 대가인 송시열의 스승 김장생의 증손이며, 충렬공 김익겸의 유복자로 태어났다. 김만중의 어머니 교육 방법과 독서 교육 방법만 보아도 훌륭한 인물 뒤에는 위대한 어머니의 힘이 있다는 것을 알 수 있다. 김만중은 자라면서 어머니 윤 씨의 남다른 가정교육을 통해 많은 영향을 받았으며, 어머니 윤 씨는 아버지 없이 자라는 것에 항상 신경을 쓰며 남부럽지 않게 키우기 위해 정성을 쏟았다고 한다. 가난한 살림살이에도 자식을 위해 필요한 서책들은 값을 막론하고 구해다 주거나, 이웃에 사는 홍문과 서리를 통해 책을 빌려서 손수 원본을 베껴 옮긴 후 교본을 만들어 두 아들에게 주었다고 한다.

김만중은 어머니의 뛰어난 학식으로 많은 학문과 공부에 영향을 받았으며, 어머니 윤 씨로부터 엄격한 교육을 받고 희생적 가르침으로 14세인 1650년(효종)에 진사 초시에 합격하고 이어서 16세인 1652년(효종 3년)에 진사에 일등으로 합격한 뛰어난 인재였다고 한다. 효종 뒤를 이은 현종에 이르기까지 꾸준히 벼슬길에 올라 관직을 역임하다가 1675(숙종 1년) 동부승지로 있을 때 인선 대비의 상복 문제로 서인이 패배하자 관직을 삭탈당하고 남인의 승리로 서인인 김만중은 정치권에서 몰락되는 비운을 맞이하게 된다. 그러다가 다시 1679(숙종 5년) 관직에 다시 복귀하게 되고 1686년(숙종 13년)에 다시 장희빈의 사건에 연루되어 선천으로 유배되었으나 1년이 지난 1688년(숙종 14년) 11월에 풀려났다가 3개월 뒤 1689년(숙종 15년)에 인현왕후와 관련된 사건으로 남해로 유배를 가게 된다. 남해 적소에서 어머니 윤 씨 사망 소식을 듣게 된 후 효성이 지극한 김만중은 어머니를 그워하다가 56세 일기로 숨을 거둔다. 그가 죽은 후 1698년(숙종 24년) 관직에 복귀되었으며 1706년(숙종 32년)에는 효성이 지극했던 김만중에게 효행에 대한 정표가 내려졌다고 한다.

김만중은 남과 다른 문학적인 특징을 가진 문장가로서 총명함과 재능이 타고난 사람이었다. 그의 문학성은 진보성이 뛰어났으며, 한글의 소중함을 인식시켜 '국문가사예찬론'은 상당히 주목받는 글이었다. 그는 뛰어난 한글을 두고 다른 나라의 말을 통해 시문을 짓는다면 이는 앵무새가 사람의 말을 하는 것과 다를 바가 없다고 했다. 김만중은 그만큼 우리말과 우리글에 대해 일종의 '국자의식(國子意識)'은 강했으며, 장희빈을 빗대어 쓴 한글 소설인 「사씨남정기」는 후기 실학파 허균의 「홍길동전」으로 이어지게 하는 훌륭한 소임을 수행했다고 볼 수 있다. 특히 김만중은 「서포만필」에서 정철의 〈속미인곡〉, 〈관동별곡〉은 한글의 백미라 할 정도로 칭찬을 했다고 한다. 김만중의 진보적 사상과 그의 뛰어난 문장력은 어머니의 독서 교육에서 큰 영향을 받게 되었으며, 어머니 윤 씨는 죽기 전에 손자나 증손들에게 훈계한 내용들은 다음과 같다.

"집안이 어렵다 해서 꺾이지 말고, 소용없다 해서 학문을 결코 포기해서는 안 된다."

이런 훈계는 조선 시대 대부분 뛰어난 학문을 하는 문장가나 학식이 있는 명문 집 안에서 대부분 훈계했던 것 같다. 집안이 기우러 간다고 해서 학문을 포기하고 책 읽기를 게을리하는 것은 인생을 포기하는 것과 같다는 의미를 두고 한 말일 것이다.

폭넓은 지식으로 학문을 연마한 명문가 중 명문가 박규수(1807~1877)

연암 박지원의 손자인 박규수는 어려서부터 친가나 외가의 학풍이 있는 명문 가문에서 태어났다. 비록 집안은 넉넉하지 않았으나 공부를 잘하고 생각이 깊고 많으며 폭넓은 견해로 학문하는데 게을리하지 않았다고 한다. 할아버지 연암 박지원의 문인들을 찾아다니면서 학문을 배우고 익히면서 사실에 입각하여 진리를 탐구하려는 태도의 학문에 새로운 이론도 세웠다. 당시 명필가이자 화가인 금석학자 김정희와도 교류하고 늘 새로운 학문에 호기심이 많은 사람이었다. 과학탐구에 관심이 많아 태양, 지구, 달에 대한 천문학적 통찰을 시로써 표현하여 정리하는 안목을 지닌 사람으로 자신이 관심 있는 분야의 학문은 더 집중적으로 호기심을 가지고 공부한 사람으로 학문의 수준이 매우 높았다.

박규수는 조선 말기의 대표적인 개화 사상가이기도 했다. 20세 무렵에는 익종(효명세자)과 함께 독서하면서 글을 짓고, 토론을 하면서 문명(文名)을 떨쳤던 인물이다. 나중에 효명 세자가 갑자기 세상을 뜨고 연이어 그의 아버지와 어머니도 세상을 뜨자 상심이 커서 한동안 은둔하면서 학문에만 전념했다고 한다. 그런 과정에서 박규수는 독서를 열심히 하면서 할아버지 연암 박지원의 연암집, 열하일기 등을 집중적으로 읽으면서 실학적 학풍에 눈을 뜨게 되고 열하일기를 통해 발전된 중국 청나라의 서양 문물을 받아들여 낙후된 조선 현실의 좁은 식견을 개혁하려는 의지가 강해졌다. 그래서 그는 1848년(현종 14년) 그의 나이 42세에 비로소 과거를 치르고 다시 세상 속으로 뛰어들어 암행어사로 활동하면서 백성들의 고통을 알게 되고, 세금 제도의 문제점을 알고 내적 개혁의 필요성을 인식하여 개혁을 시도하였다. 조선의 고통스러운 백성들의 삶을 직접 체험하여 탐관오리들을 엄격하게 관리하고 벌하였다고 한다. 할아버지 연암 박지원의 손자로서 그 누구도 눈 감아 주지 않고 뇌물을 받는 탐관오리는 가차 없이 잡아들였다고 하니 그의 올바른 성품을 엿볼 수 있다. 나중에 세도정치가 극에 달해 세도 가문에 아첨하는 어사가 생겨나기도 했지만 박규수는 명문가 가문으로 특히 할아버지 연암 박지원의 이름에 먹칠할 수 없어 가까운 지인이 부정부패를 저질렀다고 해도 용서하는 법이 없고, 올바른 정치가이자 학문하는 사람으로 도리를 다했다고 한다. 그가 할아버지와 아버지로부터 물려받은 북학파 학자들의 영향은 훗날 개화사상으로 연결되고 서양 사정에 밝은 박규수는 결국 신문물의 수입과 문호 개방을 주장하면서 서구의 선진 문물을 받아들여야 한다는 쪽으로 주장하면서 쇄국 정치를 주장하는 흥선대원군과 갈등을 빚어내기도 했다.

박규수의 실학사상의 영향은 훗날 합리적 외교론을 펼쳤으며, 그의 바른 신념의 태도는 올바른 규율과 학문을 하는 데 영향을 미쳤다. 늘 백성을 생각하는 마음이 깊어 "백성이 있고 사대부가 있는 법이다." 라고 했으며 나중에는 개화파 청년들인 김옥균, 박영효, 서재필, 윤치호, 박정양, 이상재 등에게 많은 영향을 주었다. 박규수는 조선 후기의 명문가 가문으로 이재에 밝기보다는 올바른 학문으로 바른 정치를 하고자 했던 그의 사상과 신념은 오늘날에도 여전히 많은 깨우침을 주고 있다. 명문가 집안의 풍부한 독서의 힘이 그를 훌륭한 다재다능한 인재가 되게 한 것이다.

책 읽기를 좋아했던 학자 유길준(1856~1914)

유길준은 근대 한국 최초로 국비로 미국을 유학한 유학생이다. 그는 유년 시절 암기력이 뛰어나고, 홀로 사색하면서 그 누구의 힘도 빌리지 않고 스스로 독서하는 방법을 터득했다고 한다. 특히 학자이신 외할아버지 이경직의 문하에서 한학, 성리학을 배운 뒤 소년기에는 외할아버지 댁에 머무르면서 각종 고전과 서양 서적을 두루 섭렵했다고 한다. 외가의 넉넉한 살림살이와 풍족한 생활로 충분히 학문에 전념할 수 있는 환경이 되어 많은 책을 볼 수 있었다. 기억력이 좋고 사색하는 걸 좋아했던 그는 외조부로 소개받은 서구에 미지의 문명 세계가 존재한다는 것을 알고 흥미를 가지게 되었으며, 독서를 좋아했던 유길준은 실학 사상가들인 홍대용, 안정복, 박지원, 박제가, 유득공 등의 서적을 두루 탐독했다고 한다. 특히 박규수의 문하생으로 그의 서재에서 유길준은 최초의 지구본을 접하고 지구가 둥글다는 것을 깨닫게 되었다. 박규수가 추천했던 중국인 위원의 〈해국도지〉 등 개화 사상서를 접하면서 국제 정세에 관심을 두게 되었다. 그리고 당시 과거시험이 뇌물과 배경, 연줄로 합격시키는 부패상을 목격하고 과거에 응시하는 것을 그만두고 스승인 박규수가 죽은 뒤 실학 사상가들의 책을 독파하고 김윤식, 어윤중, 윤웅렬, 박영효, 김옥균, 서광범, 홍영식 등 훗날 개화파로 활약했던 이들과 교류하게 된다. 이어서 서재필, 윤치호, 이상재, 이승만 등과도 친분을 쌓게 된다. 일본 유학에서 귀국한 후 최초의 근대신문 「한성순보」 창간을 준비했고, 미국 유학 중에서 한국인 최초로 상투를 자르고 양복을 입었다고 한다.

갑신정변 이후 정세의 변화로 미국 유학을 중단하고 귀국하게 되지만, 개화파의 일원이라는 명목으로 7년간 연금 생활을 하게 되는데 이때 국제정세에 어느 정도 밝은 유길준은 정부의 대외관계에 관한 비공식 자문 역할을 하는 한편 그때 「서유견문」을 집필하게 된다. 「서유견문」을 통하여 서양 근대문명을 한국에 본격적으로 소개하고 조선의 실정에 맞는 자주적 '실상 개화'를 주장하면서 정부의 역할을 중시한 개혁론을 전개하여 갑오개혁의 이론적 배경을 제시하기도 했다. 그리고 을사늑약이 조선 개혁을 실패한 원인이므로 나라를 스스로 지킬 수 있는 능력을 키워야 한다고 역설하기도 했다. 한일병합을 통탄하며 조선이 부강한 국가가 된다면 다시 국권을 회복할 것이라고 했으며, 조선의 광복을 위해서는 교육과 계몽 사업에 헌신해야 한다고 했다. 흥사단을 발족하고 국민경제 회의 설립과 계산학교까지도 설립하였다. 그러나 그는 주권 회복을 보지 못하고 1914년 9월 59세로 세상을 떠났다.

유길준은 스스로 터득하고 탐독한 서양 문물과 고전을 통해 훗날 개화 사상가 한 사람으로 올바른 정신으로 국권의 힘을 다시 되찾기를 설파하고 많은 일들을 하면서 굳은 신념으로 조선이 부강한 나라가 되기를 원했다. 조선의 명문가 출신답게 지식인으로 유길준은 서구의 정치와 경제, 과학의 기술로 자주독립과 근대화 사회를 수립하기를 애썼으며, 개화의 의지가 강한 사람이었음은 분명하다.

조선 최고의 가사 문학의 대가인 명문가 자제 송강 정철(1536~1593)

송강 정철은 조선 중기의 문인이면서 정치가로 누이들은 왕실의 부인으로 어린 시절부터 자주 궁에 출입하여 훗날 명종이 되는 경원대군과도 친하게 지내게 된다. 글쓰기가 뛰어나고 유복한 가정생활로 명문가답게 누이들이 왕실의 인종 후궁이 되고 계림군의 부인이 되는 왕실의 인척으로 위세가 대단한 가문이었다. 하지만 명종 즉위 후에 발생한 을사사화에 계림군을 비롯해 부친과 형이 연루되면서 급격하게 가세가 기울고 전라도 창평으로 낙향하여 10여 년을 그곳에서 지내기도 했다. 그때 정철의 일생에서 중요한 시기가 찾아오는데 스승인 기대승, 김인후, 유희춘 등을 만나 학문을 배웠고, 이이나 성혼 등과 교류하면서 자신의 이름을 알리기 시작했다고 한다. 명종 17년(1562) 과거에 급제하여 관료 생활을 시작한 정철은 원칙과 소신을 가진 관료였다. 그러나 그는 성격이 옳고 그름이 분명하여 정계보다는 학자나 문인에 더 합당했는지도 모른다.

명종의 종형인 계양군이 처가의 재산을 빼앗으려고 서얼 처남을 죽인 뒤 강물에 버린 사건이 발생하자 이 사건을 조용히 넘어가기 위해 명종이 정철을 시켜 무마하라고 하자 올바른 성격인 정철은 이를 거부한다. 결국 정철은 파면하여 전라도 광주로 내려가 있다가 선조가 즉위하면서 이조좌랑에 오르게 된다. 정철의 성격은 그 어떠한 타협도 없는 인물로 일찍이 어린 나이에 당파로 인해 아버지의 오랜 귀양 생활과 형과 매부의 처참한 죽음을 겪었기 때문에 양보가 없었다. 그는 동인과 맞서 싸우는 데는 지지 않으려 해서 동인들이 가장 기피하고 싫어했던 인물이기도 했다. 정철이 탄핵되었을 때 선조는 대신들을 향해 이렇게 말했다고 한다.

"송강 정철은 그 마음이 곧고 행실은 바르나 다만 말이 옳고 곧아 당대에 용납되지 못하고 사람들로부터 미움을 샀노라. 그러나 그가 힘을 다해 직무에 충실했던 점과 맑고 충직한 정의 때문에 초목조차 그 이름을 다 기억한다. 정말 이른바 백관 중의 독수리요. 대궐의 맹호라 할 만하나 이런 사람을 죄주면 주운 (중국 한나라 때 충신) 같은 충신을 꼭 베어야 한다는 말과 같으니라."

이렇게 정철의 정치 자세는 불의와 타협하지 않고 임금께 올바른 충신이고자 했음을 알 수 있다. 정철은 문인으로서는 평소 품격이 소탈하고 대범하였으며, 성품이 맑고 밝으며 가사의 대가답게 풍류를 즐길 줄 알았으나 정치 활동에 있어서만큼은 결백하고 충직했으며 강직한 성품을 지녔기에 파란만장한 삶을 살았는지도 모른다.

그가 쓴 가사 문학 작품들은 왕을 향한 마음으로 가사 문학의 큰 기틀을 세운 것이다. 어찌 보면 되풀이되는 유배와 정계 복귀의 기복으로 실패한 정치인일지는 몰라도 빼어난 문학인으로서 삶은 천재성을 발휘하였으며, 주옥같은 그의 시와 가사는 오늘날까지도 여전히 한국문학의 중심부에 서있을 만큼 높은 평가를 받고 있다. 정철의 뛰어난 가사 문학은 「관동별곡」, 「성산별곡」, 「속미인곡」, 「사미인곡」 4편과 시조 107수가 전해지고 있다. 그래서 서포 김만중은 정철의 「속미인곡」, 「관동별곡」 은 한글의 백미라 할 정도로 칭찬을 아끼지 않았다고 한다. 시대를 뛰어넘은 가사 문학의 천재인 정철은 정치인으로서의 자세 또한 옳고 그름에 명확하게 선을 그은 당쟁 시대를 열었던 장본인인 서인이기도 했다. 송강 정철은 정치색을 떠나 그가 가사 문학의 백미로 불렸던 것은 그의 끊임없는 독서 태도와 책 읽기에 있어 게을리하지 않는 태도에서 시작된 것이라 할 수 있다.

제7장
독서 능력 업그레이드

어휘력 능력 키우기

이런 말이 있다.

"부유한 자는 더욱 부유해지고 가난한 자는 더 가난해진다."

이 원리는, 즉 독서의 힘으로 지식과 정보가 깊고 풍부하면 글을 쓰고 짓는 능력이 커지고, 그렇지 않으면 글쓰기와 어휘력은 빈곤한 생각으로 가득 차 있을 것이다. 그만큼 독서 발달은 어휘력에 있다는 것과 상통한다는 것이다. 어휘력이 풍부한 아이들은 이전에 알고 있던 단어와 연결 지어 새로운 단어를 추가하는 습득력이 빨라지고 문맥과 문맥 사이의 의미를 이해하는 데 있어서도 어려움이 없다는 것이다. 그렇게 하다 보면 독서를 하는 데 있어서 말하기도 유창하게 할 수 있으며 언어 구사력도 뛰어나다고 볼 수 있다. 어휘력이 빈곤한 아이는 단어를 연결 지어 새로운 것을 사고해 낼 능력이 부족하며, 문맥의 이해력이나 구사 능력도 빈약하여 독서 능력 또한 해독할 수 없어 책 읽기도 어려워한다.

성장하고 자라면서 학습 능력이 활발한 아이는 독서를 하면서 추리하거나 유추한 이해력이 빠르고 다양한 어휘력으로 새로운 정보를 연결해 나가는 발달이 크게 작용하게 된다. 그래서 독서하는 아이의 뇌는 스스로 사색하면서 탐구하는 능력이 길러지고 텍스트에서 읽는 능력과 이해가 빠르게 작동하면서 독해가 빨라지고 빨리 다음 내용을 읽고 싶어 책장 넘기는 속도와 집중력이 놀라울 정도로 발전한다.

아이들의 유창한 독서는 문자나 단어 형태에 관해 충분한 정보 전달 능력이 인지되면서 시각적으로 글자가 빠르게 인식되어 정보 전달 능력이 훨씬 광범해지고, 숙련된 독서 능력이 커지면서 지식이 많아지고 그만큼 읽는 속도도 빨라진다는 것을 의미한다. 아이의 독서 능력 해독은 보통 7~8세에 시작된다고 한다. 독서 능력이 서서히 발달한 아이들에게 독서는 전문가가 아닌 부모님이나 그 밖의 아이를 사랑하는 사람이 읽어주는 이야기 속에서 상상하고 듣고 느끼면서 성장한 후 독서 능력은 현저하게 드러나며 어휘에 대한 문법 구사도 늘어나게 된다. '빈익빈 부익부'의 의미가 경제적 용어로만 가리키는 것이 아니라 바로 독서하는 아이의 언어 구사 능력과 독서 능력이 떨어지는 아이를 가리키는 것으로 독서 발달은 그만큼 아이의 성장에 큰 영향을 준다는 것이다.

인류의 발전은 독서를 통해 더 많은 지식을 얻고 배우면서, 깨우치고 오류를 다시 찾아내서 새로운 이론과 사실을 발달로 근거를 찾았기 때문에 책 속에서 찾아내는 정보와 지식은 그만큼 영향력이 크게 작용한다는 것이다. 그래서 아이가 말을 배우기 시작하면서 알게 되는 단어는 그 단어 자체로 받아들이기보다는 더 많은 새로운 어휘력 구사 능력을 갖출 수 있도록 부모가 함께 이야기를 하고 책을 읽어주면서 언어가 시작되는 단어의 지도를 크게 만들어 주는 것이다. 아이가 자신의 능력을 키워나가는 데 있어 독서를 유창하게 하면서 단어를 연결 지어 사고할 수 있도록 부모가 도와주어야 한다.

아이들은 각기 다른 재능과 언어 능력 구사도 자신이 좋아하는 분야마다 다르다. 즉, 예를 들어 보면,

첫째, 이야기를 좋아하는 아이는 이야기 속 단어나 내용을 시작으로 언어 구사 능력을 키워준다.

둘째, 숫자를 좋아하는 아이는 수학적 구사 능력을 키워 생활 속 수학 구사 능력을 키워준다.

셋째, 과학적 언어를 좋아하는 아이는 일상의 과학적 언어 능력을 키워 지식을 하나하나 구체적으로 연결 지어 구사할 수 있게 한다.

넷째, 음악적 재능이 있으면 음감이나 악기 노래를 통해 언어능력 구사를 연결시켜 준다.

다섯째, 미술적 재능이 있으면 색감, 그림, 다양한 모양을 통해 언어 구사 능력을 키워주면서 다양하고 새로운 생각으로 디자인할 수 있는 사고력을 키워준다.

과학 분야는 물리, 화학, 생명과학, 지구과학의 분야별 관심이 있는 쪽으로 지식 연결을 구체화시키면서 4차 산업 시대에 발맞춰 나갈 수 있도록 해야 한다. 물론 집안마다 내려오는 유전적 재능이 있다면 그 분야에 따른 재능을 살려 아이가 나아갈 방향의 기술을 잡아주면 되는 것이다.

'찰스 다윈'은 50세 「종의 기원」인 진화론을 세상에 내놓아 깜짝 놀라게 했다. 그의 할아버지가 처음으로 진화론을 주장했던 것에서 시작된 것이다. 찰스 다윈은 라틴어나 고전 학문에 관심이 있기보다는 대자연에 대한 관심도가 높았던 탓에 그의 어린 시절은 자연사에 관한 것들을 접하게 되어 진화론에 몰두하게 된 것이다.

괴테는 어떠한가?

괴테는 극성스러운 부친의 교육열 때문에 천재적인 작가로 성장하면서 세계적인 거장이 되었다. 그가 대문호가 될 수 있었던 것은 괴테의 아버지가 자식을 반드시 성공시키겠다는 적극적인 교육의 의지였다. 앞서 많은 명문가 가정의 교육과 독서 방법을 살펴보았듯이 서양에서도 마찬가지로 명문가 자녀 교육과 독서 방법은 아이가 타고난 재능 쪽으로 관심을 가지게 했다. 이러한 독서 교육 방법은 동서고금을 막론하고 훌륭한 부모는 지식을 가르치고, 독서하는 방법을 아이가 원하는 쪽으로 재능을 키운다. 그래서 지혜로운 부모는 아이를 성공하는 데 큰 역할을 하게 된다는 것을 여러 인물을 통해 발견하게 된다.

생각하는 힘을 키워주는 토론식 독서 방법

학교에서나 가정에서는 일방적으로 강요성을 띤 지식을 가르쳐서는 안 된다. 부모나 선생님은 아이들이 책을 읽고 나서 스스로 토론하고 질문할 수 있는 환경을 만들어주어야 한다. 그러면서 상대방과 소통하는 방법을 배우고 지혜를 배우게 한다. 생각하는 힘을 키워준 토론 독서 방법의 환경을 만든다.

첫째, 원형 탁자에 빙 둘러 앉는다.

둘째, 아이가 흥미롭게 여기고, 재미있어 한다거나 관심을 가진 분야의 책을 선택하도록 한다.

셋째, 읽고 난 그 책에 관하여 자유롭게 토론하는 소크라테스식 토론법을 도입하여 진행한다.

넷째, 자신의 생각만 주장하지 않고 토론과 질문을 통해서 스스로 탐구하고 생각하는 힘을 기르는 태도를 가지게 한다.

다섯째, 이성과 논리를 바탕으로 토론이 이루어져야 하며 일관되게 정리된 언어로 아이들이 논리적 주장을 펼칠 수 있도록 해야 하고 부모는 특히 감정적으로 진행하는 태도는 버려야 한다.

여섯째, 토론은 절대로 승부를 겨루는 것이 아니라 생각의 힘을 키우고 상대방의 생각을 이끌어내는 지적 수준을 높이고 브레인스토밍 방식으로 접근해야 한다는 것을 아이에게 인지시켜 주어야 한다.

이런 토론식 독서 방법을 통해 공부나 지식에 관한 것들을 얻게 되면 아이들은 자존감이 높아지고 자부심이 생겨 세상 모든 것을 배울 수 있다는 자신감이 생긴다. 독서 방법은 자신을 더 나은 사람 더 좋은 사람으로 성장하도록 이끌어 준다. 독서는 정신을 풍요롭게 하고, 아이가 나아갈 방향의 목표를 세우는 데 도움이 되며, 또 아이가 미래를 향해 자신이 하고자 하는 분야를 창조하는 데 도움이 될 것이다. 수많은 위인들이 가장 권하는 것이 바로 독서를 올바르게 하는 방법이다. 책은 그만큼 자신들을 발전시키는 데 도움을 주었기 때문이다. 자신이 원하는 분야의 독서를 함으로써 세상을 배워가는 것이다. 논리적 힘을 길러주는 책은 상대방의 의견을 이해하고 수용함으로써 자신의 생각을 발전시켜나가는 데 힘을 기르고 창의적 사고를 전개할 수 있다. 아이들은 자신에게 맞는 독서 방법을 통해 재능과 자질이 잠재되어 있다는 것을 발견한다면 앞으로의 성과 또한 놀라운 발전을 거듭할 것이다.

책은 많은 지식과 넓은 시야, 다양한 생각과 아이디어뿐만 아니라 아이가 끊임없이 공부하고 학문하는 자세를 갖게 만들 것이다. 아이가 자신의 관심 분야를 열정과 호기심으로 채워나간다면 지성인으로서 지속적인 창조의 힘을 기르게 되고 그 인내와 끈기는 세계를 바꿀 힘의 원천이 될 것이다. 어찌 되었든 다양한 경험과 독서는 창조적 생각과 아이디어로 연결시켜 배울 것이 무궁무진하다는 것을 스스로 알게 될 것이다. 아이가 독서하는 방법에 있어 정확한 정답은 없지만 중요한 것은 아이의 관심사를 통해 부모가 꿈을 완성할 수 있도록 격려하면서 토론식 방식으로 접근하도록 자리를 함께해 주는 것이다. 아이는 부모와의 지식을 공유하면서 부모의 격려를 통해서 전문적 역량을 키워나갈 기회를 갖게 될 것이고, 부모는 자식에 대한 열정을 더 가지면서 아이가 열심히 공부하고 독서하는 실력을 갖출 수 있도록 격려할 것이다. 그러면 아이와 부모 모두 서로에 대한 이해의 폭이 넓어지면서 아이가 스스로 주체적인 학습을 하고자 하는 의욕이 향상될 것이다.

성공한 세계적인 위인들은 부모로부터 어떤 영향을 받았는가?

수많은 위대한 인물들은 그저 행운으로 만들어지는 것이 결코 아니었다. 그들이 세계를 변화시키고 열정과 긍정의 에너지를 지닌 세계적인 예술가나 과학자, 문학인, 정치가 등이 되기까지는 그만큼 그들을 리더하고 교육하는 데 영향을 끼친 부모가 있었다. 성공하고 유명한 수많은 위인들 중에서 환경이 부유한 사람이 있는 반면 환경이 너무나 가난하고 불우한 사람도 많이 있다. 때로는 환경도 중요하지만 가장 중요한 것은 어떠한 환경이 되었든 간에 부모가 아이를 어떻게 리더하고 성장해 나갈 수 있도록 만들어 주느냐에 따라 그 성공의 여부는 달라진다.

이 책 5부 명문가의 독서 방법에서 예를 들어 본 조선의 명문 집안사람들이 어떻게 공부하고 학문했는지 알게 되었다. 유명한 이들은 꼭 어느 나라에 국한되는 것이 아니라 세계적인 인물도 마찬가지로 그들만의 명문가다운 집안으로 부모의 교육 영향을 받고 자랐기 때문에 세계적으로 길이 남을 유명한 사람들이 되었던 것이다.

미국 초대 대통령 조지 워싱턴을 보라. 어린 시절 엄격한 부모 밑에서 교육을 받으며, 특히 어머니를 통해 교육의 영향을 많이 받았다. 정의감과 용기가 넘치고 영국으로부터 미국을 합중국으로 독립시킨 영웅이며, 미국 국민들의 영웅이 아닌가? 현명하고 훌륭한 어머니는 아들에게 칭찬을 아끼지 않았다. 그 칭찬의 힘이 곧 부드러운 햇살을 받아 곧고 큰 나무로 성장했기 때문이다.

영국의 수상 윈스턴 처칠을 어떠한가? 그는 명문가 집안의 정치가 후손답게 그의 지도력은 세계적 영웅이다. 그의 인품과 지력은 부모의 영향력 아래에서 키워진 것이다. 훌륭한 아버지가 있었고 처칠은 자유로운 마음으로 늘 도전해 보고자 하는 정신과 자신의 재능을 어떠한 강요도 아닌 자유로움 속에서 싹트고 자랐기에 영국이 낳은 세계적인 정치가로서 그의 정치적 발자취는 밝게 빛나는 것이 아닐까? 한다.

독일이 낳은 문호 괴테는 어떠한가? 아버지의 폭넓은 학문 덕분에 우등생이 된 괴테다. 특히 어머니로부터 명랑한 성격과 유머 감각의 영향을 받아 자주성이 길러지고, 까다로운 아버지 성격에서 그만큼 다양한 학문을 접하게 된 것이다. 괴테는 부모의 영향 아래 올바른 교육과 즐거움을 아는 아이로 성장하여 훌륭한 문인이 된 것이다. 프랑스 시인이자 극작가이며 소설가인 빅토르 위고는 어떠한가? 그 유명한 작품 '레미제라블(장발장)'로 유명한 세계적인 위대한 작가인 위고는 장군 출신에서 귀족이 된 아버지와 자부심이 강했던 어머니 사이에서 자랐지만 성장기에는 부모의 좋지 않은 불화 속에서 자랐다. 그래도 어머니의 강한 책임감과 인간적인 모습을 보고 성장했기 때문에 인간에게 감동을 주는 세계적인 작가가 된 것이다.

이탈리아 피렌체 르네상스 시대를 꽃피운 화가이자 조각가인 세계적인 거장 미켈란젤로를 보라. 명문가에서 태어난 그를 부모는 형편이 어려워지자 대리석 기술자의 양자로 보내게 된다. 그가 보면서 자란 것은 세계적인 석공과 조각가들이 열심히 일하는 것이었다. 그러면서 그는 힘든 가족에게 조각가 그림을 팔아 생활비를 보내고 예술가로 성장하면서 자신의 재능을 키워 작품 활동을 하는 세계적인 거장이 된 것이다. 그의 부모는 일찍이 미켈란젤로를 자신들의 품 안에 키우기보다는 어려움을 이겨낼 수 있도록 환경을 마련해 준 것이다. 기우러 가는 가문에 아이를 붙잡아 두기보다는 아이가 뭔가 좀 더 배울 수 있는 곳으로 보냈기 때문에 세계적인 예술가로 길이 남은 것이다.

입체파 화가 피카소는 또 어땠을까? 스페인 화가 20세기의 입체파 창시자였던 그는 어려서부터 말보다는 그림 그리는 것으로 자신의 의사를 표현했다고 한다. 세 살 때부터 이미 그림이 뛰어난 아이였다. 그래서 아버지는 아들에게 맞는 환경을 갖추어 주고, 집은 비록 가난했지만 주변 친척들이 돈을 함께 마련하여 피카소가 공부하는 데 어려움이 없게 했다. 부모의 애정을 받고 자란 그는 자신의 탁월한 재능을 발휘하여 세계적인 미술가로 이름을 떨치지 않았을까?

영국 출신 물리학자이며 천문학자인 아이작 뉴턴을 보라. 그가 자란 환경은 빈곤했다 어머니의 재혼으로 할머니 손에서 근 10년을 부모 없이 자랐다. 나중에 다시 집으로 돌아온 어머니와 함께 생활하지만 그는 끝까지 독신을 주장했으며, 그의 뛰어난 관찰력은 학문하는 데 온 힘을 쏟았다. 어머니는 그런 뉴턴을 보고 마음껏 공부할 수 있도록 도왔다고 한다. 어린 시절 어머니의 재혼으로 큰 충격을 받았으나 그는 그런 환경에 굴복하지 않고 근대 과학을 창시한 사람으로 사과나무에서 사과가 떨어지는 것을 발견하고 '만유인력의 법칙'을 알아낸 물리학자였던 것이다. 뉴턴에게 있어서 어린 시절 불우했던 가정환경은 그가 성공하는 데 큰 방해가 되지 않았다는 것이다. 뉴턴의 신념과 의지는 그가 하고자 하는 공부의 열정을 어머니가 발견하고 마음껏 공부할 수 있도록 격려했던 것에서 큰 영향을 받게 된 것이다.

미국의 발명가이며 전기 시대를 여는 데 커다란 공헌을 한 에디슨을 보자. 학교에서 낙오된 아이로 전락했으나 그의 어머니의 가르침이 그를 놀라운 세계적인 사람으로 성장시켰다. 어머니가 에디슨의 호기심을 호응해 주고 반응해 주면서 아이가 해낼 수 있도록 기다려주면서, 실패에서 다시 새로운 것을 발명해 낼 수 있도록 격려해 주었다. 어머니가 에디슨이 학교에서 낙오된 아이가 아닌 그가 지닌 재능과 노력을 인정하며 기다려 주었다. 그랬기 때문에 에디슨은 세계적인 발명왕이 된 것이다. 그만큼 부모는 아이를 교육하는데 인내하고 격려하는 태도를 지녀야 한다.

스코틀랜드 출신에 미국의 거대한 철강 산업을 성장시킨 앤드류 카네기를 보라. 그는 가난한 직물공의 아들로 태어났다. 그의 아버지는 근면 성실하며 밝은 성격으로 많이 배우지는 못했지만 독서를 좋아했다고 한다. 할아버지와 아버지 모두가 강인한 성격에 어떤 일에도 굴하지 않고 긍정적 사고력을 가지고 살아가는 데 최선의 노력을 다했다. 그걸 보고 자란 앤드류 카네기는 근면 성실함과 대담한 행동으로 미국 철강 산업을 일으키는 데 대단한 성과와 탁월한 사업 감각을 지녔던 것이다. 가난했지만 부모로부터 물려받았던 낙관적 기질과 긍정적 사고가 미국 대부호로 철강 산업을 일으켰던 것이다.

이렇듯 수많은 위인들이 그냥 우연히 되는 것이 아니다. 성공한 이들은 부자 부모든 가난한 부모든 그것과는 달리 어린 시절의 꿈을 현실로 이룩했으며, 재능의 싹을 부모가 이끌어 주었다. 그들의 성공은 부모에게 배운 것과 부모의 성격을 물려받아 어떠한 역경에서도 좌절하지 않고 긍정적인 사고력을 가지고 99% 노력의 결과였음을 알 수 있다.

방학을 이용하여 독서 기행

방학을 이용하여 독서 여행 계획을 짠다. 독서 기행은 자라는 아이에게 가장 기억에 남고 오래도록 도움이 될 것이다. 자동차 안에서 기차 안에서 버스 안에서 그 어떤 교통수단도 아이에게는 신나는 일이다. 아이와 함께 짬을 내서 지역마다 유명한 도서관이나 서점에 들러 책을 사거나 책을 읽어라. 독서의 기초는 문장구조를 이해하고 문법을 배우고 글을 짓는 데 큰 영향을 받는다. 아이들의 두뇌는 왕성한 활동을 하고 에너지는 넘친다. 새로운 탐구 자세를 배울 수 있도록 책과 자연을 함께 누릴 수 있도록 부모는 방학을 이용하여 독서 기행을 계획해 본다. 아이들은 체험을 통해 독서를 이해하고, 시각, 청각, 후각, 미각, 촉각인 오감에서 독서에 대한 흥미를 느낀다. 그러다 보면 언어 구사력도 뛰어난다.

여름날 물 흐르는 계곡에 물소리 청각, 푸른 나뭇잎 시각, 물의 느낌 촉각, 숲의 풀 향기 후각, 누가 싫어하겠는가? 부모가 역할을 어떻게 하느냐에 따라 아이들의 지적 호기심은 끊임없이 생성되는 것이다. 아이는 자연을 벗 삼아 책을 읽으면서 책 속의 주인공이 되거나 탐험가가 되거나 수학자가 되거나, 예술가 또는 과학자가 되는 상상의 날개를 펼치게 된다. 그러면서 아이들이 책 속의 등장인물, 문체, 줄거리 등을 부모에 거리낌 없이 말할 수 있게 될 때 흥미로운 독서 기행을 체험할 수 있다.

아이들은 이 세상 모든 것들에 호기심을 지니고 있다. 자연 속에서 풀잎에 매달린 곤충이나 아침이슬을 보고 곤충학자나 식물학자도 꿈꾸며 성장하고 성공할 것이다. 아이들은 책과 함께 자연 속으로 흠뻑 빠져들 것이다. 밤이며 밤하늘의 별들을 통해 우주로 여행을 떠나는 상상을 하면서 어린 왕자가 살고 있던 B-612 소행성을 그려볼 것이다.

아이들은 책과 자연에서 많은 정보를 얻게 될 것이다. 부모는 아이와 독서 기행을 통해서 아이가 독립심이 강한 아이로 적극적인 태도를 길러주고, 야단치기보다는 올바른 행동을 할 수 있도록 도와준다. 부모는 아이에게 칭찬을 아끼지 않도록 하라. 대신 칭찬은 무조건 하는 것이 아니라 뭔가 잘 해내거나 스스로 일 처리를 잘 했을 때 칭찬해 주어라. '칭찬은 고래도 춤추게 한다.'라는 책이 있다. 아이들은 칭찬을 통해 자존감이 높아지고 자신감이 생기면서 상대방을 배려하는 마음이 생긴다. 아이들은 특히 부모의 말투, 행동을 통해 배우기 때문에 독서 기행을 했을 때 부모가 먼저 책과 가까이하면서 아이들과 공감대 형성이 이뤄져 야 한다.

부모는 이런 소중한 체험을 학년에 따라 조금씩 강도가 높게 또는 그 학년에 맞게 배우고 생각할 수 있게 올바르게 리더 해야 한다.

방학을 이용하여 탐구 도감 만들기

평소 궁금했던 것 등을 찾아 아이의 재능에 맞는 것을 찾아 연구해 보는 것이다.

탐구 도감을 하기 위하여 해야 할 목록

〈1〉. 주제를 무엇으로 할 것인지 찾기

〈2〉. 자신에게 맞는 계획을 세운다.

〈3〉. 탐구 도감에 맞는 도구와 재료를 준비한다.

〈4〉. 탐구해야 할 정보를 얻기 위해 박물관이나 과학관을 찾는다.

〈5〉. 도서관에서 참고 자료를 찾는다.

〈6〉. 관찰하고 실험하며 기록한다.

〈7〉. 도감을 그리거나 채집하는 것들을 분류하여 연구 결과를 정리할 때 창의성 있게 만든다.

예를 들면 ① 여러 가지 생물 도감을 분류할 때는 분류 중심, 생태 중심에 따라 계절이나 장소, 꽃과 잎의 색깔, 어떤 종의 과에 속하는지 확인하는 것이다.

② 관찰과 실험의 조건을 조사할 때 가장 손쉽고 늘 가까이 생활하는 집 안의 온도를 측정해 본다. 아침에 아이가 일어나는 시간을 기점으로 정한다. 9시든, 10시든 매일 정해서 저녁 잠자리 들기 전까지 현관, 부엌, 거실, 베란다, 안방, 아이 방, 화장실 온도 측정을 같은 날, 같은 시각, 같은 성능의 온도계를 이용하여 장소만 다를 뿐 실험할 때 모든 조건은 같아야 한다. 관찰과 실험은 꾸준히 여러 번 해서 평균을 내서 결과를 정리하여 좋은 관찰과 실험이 이뤄져야 한다. 저학년은 초등 과학 교과에 온도 관찰 실험을 염두에 미리 공부한다는 의미로 선 관찰 실험을 해 보는 것도 도움이 된다. 주의할 점은 생물 관찰에서 움직임의 관찰은 항상 같은 위치와 같은 높이에서 이루어져야 정확한 결과를 얻을 수 있다.

③ 관찰 노트와 카드 또는 미니 북으로 만드는 법은 어떤 형식이 별도로 정해져 있지는 않다. 대신 관찰과 실험은 반드시 그 결과들을 바로 기록해 두는 것이 중요하다. 기록할 때는 연필, 지우개, 색연필(여러 가지 색), 스마트폰 카메라를 준비하여 관찰 노트를 만든 것에 왼쪽에는 날짜, 장소, 기온, 날씨 등과 함께 관찰한 내용을 기록한다. 오른쪽에는

스케치를 하거나 사진을 붙이고 왼쪽은 공간을 남겨 메모를 할 수 있게 한다. 반드시 관찰 노트와 카드와 미니 북은 집에 돌아와서 그날 점검하며 보충하거나 잘못 기록한 것은 고친다. 그래서 추가할 내용이 있으면 바로 기록하여 정리한다.

④ 연구 결과를 정리할 때는 ⓐ동기 ⓑ연구 진행 방법 ⓒ연구의 과정과 결과 ⓓ결론으로 내용이 담겨야 한다.

ⓐ동기에는 반드시 왜 이 연구를 시작했으며 실험이나 관찰 전에 자신이 생각했던 것과 자기 나름대로 가설을 적는다.

ⓑ연구 진행 방법에 따라 도구와 재료는 어떤 것들로 준비했으며 어떤 연구로 진행하고 관찰했는가를 기록한다.

ⓒ연구의 과정과 결과는 구체적으로 기록하여야 한다. 연구 진행 순서와 얻게 된 결과를 기록하여 사진이나 그림, 표본 등을 덧붙인다. 특히 표본에는 라벨을 붙여서 표본 이름, 채집한 장소, 채집한 날짜 등을 반드시 기록하여 정리한다.

ⓓ결론에서는 일어난 일과 아직 밝혀지지 않은 일을 분류하여 작업한다. 또 정리는 어떤 방법으로 할지 정한다. 한 장의 커다란 종이로 할지 도화지에 기록하고 겉표지를 만들지. 미니 북이나 앨범 형식으로 할지 두루마리 식으로 할 것인지 PPT로 만들 것이지 등으로 작업하여 정리한다. 여기서 아이들의 창의성과 두뇌활동을 위해서는 종이라는 종류로 직접 만들어 보는 것을 권장한다. 그리고 연구 결과에서 중요한 것

은 제목과 소제목은 색연필을 이용하여 다르게 쓰거나 글씨체를 다르게 한다. 제목을 크게 쓰고 소제목을 작게 써서 제목만 봐도 내용이 어떤 것인지 알 수 있게 한다. 관찰이나 실험의 연구가 여러 장이 될 경우 겉표지에 따로 제목을 기록하여 만든 것도 좋은 방법이다.

또한 특히 주의할 점은 여름철 야외 옷차림에서는 산이나 들에 나갈 때 벌레에 물리거나, 돌부리에 넘어지거나, 나뭇가지, 식물의 가시 등에 찔려 상처를 입을 수 있기 때문에 되도록 긴팔 셔츠나 긴 바지를 입어야 한다. 신발은 반드시 발을 보호할 수 있는 안전한 운동화를 신어야 한다. 물론 모자도 쓰는 것이 좋다. 항상 위험이 도사리고 있기 때문에 되도록 부모님과 함께하는 것이 좋다. 위급한 상황이 있을 수 있기 때문이다.

방학을 이용하여 탐구 도감을 만들고 실험이나 관찰을 통하여 과학적 재능이 있는 아이는 이런 방향으로 나아갈 수 있게 부모가 함께 도움을 주고 독서하는 방법도 이런 종류의 책을 보면서 창의성을 키워나가도록 유도한다. 아이는 어릴 때부터 탐구 도감을 통해 탐구에 대한 상식, 생물 기르는 방법 여러 가지 표본 만들기, 자연과 우주의 관찰. 자연 속에서 주제 찾기, 일상생활 속에서 발견한 연구와 실험, 여러 가지 도구와 탐구 기술을 익히게 되면서 자유로운 연구 활동의 영역을 넓힐 수 있다.

<1> 학년별 연구해 볼 주제 목록 정하기

A: 초등학교 1~2학년 자료 조사 해보기

〈초등학생 1~2학년이 알아야 할 과학적 재미있는 연구 주제를 노트에 적어 목록 만들어 보기〉

예를 들면)

재미있는 과학 상식 연구 목록

두부에 관한 실험

야채와 과일의 씨 종류 조사

꽃과 풀잎

금붕어 관찰

집 주변에 사는 벌레 관찰

소금의 신비

설탕의 신비

곰팡이 관찰

가족 모두 체온 측정 등

<2> 초등학교 3~4학년이 연구해 볼 목록

〈초등학생 3~4학년이 재미있게 연구해 볼 만한 주제〉

예를 들면)

연령별 승용차 종류와 색깔 선호도 조사

액체, 고체, 기체 조사

쓰레기 분류 조사

지진 파동 조사

마시는 수돗물 염분 조사하기

비누 만들기

전기가 흐르는 물레 조사

불빛에 따라 모여드는 곤충 조사

달팽이 관찰

구름 모양 조사 등

<3> 초등학교 5~6학년이 연구해 볼 목록

〈초등학생 5~6학년이 재미있게 연구해 볼 만한 주제〉

예를 들면)

방학 동안 날씨 조사

물이 빨리 끓는 냄비의 종류

온도 차이에 따라 맛이 다른 요리

가열에 따라 달라지는 채소의 색깔

천둥과 번개 원리 조사

스피커 소리의 높이와 음색 연구

곰팡이 현미경 관찰

전기의 생성 원리

태풍의 발생과 경로

식품의 방사선 함유량 조사

비행기 뜨는 원리

식물의 물과 양분의 통로

산성비가 식물에 미치는 영향

향신료 살균력 조사 등

이런 탐구 주제를 가지고 다양한 실험과 재미있는 연구들은 일상에서부터 시작해 보는 것이다 과학에 대한 지식과 정보가 높아질 것이다. 아이들이 차츰 학년이 높아질수록 좀 더 구체적이거나 폭넓은 실험 연구 주제를 가지고 하다 보면 탐구하는 자세도 더 적극적으로 접근할 것이다. 아이들은 평소 궁금했던 것부터 시작하여 그것을 찾아내어 연구하고 실험하면서 관찰하는 태도를 가지게 되고 과학 분야에 더 관심이 두드러지게 되는 것은 사실이다.

아이의 개인 성향에 따라 독서 방법

신은 누구에게나 재능을 가지고 태어나게 했다. 단지 인간이 그 재능을 발견하지 못할 뿐이다. 자기의 재능을 개발하고 발견하는 것은 부모의 영향에 달려있다. 아이는 부모가 아이의 독서 방법을 어떻게 지도하고 그 방향성을 어떻게 잡아주느냐에 따라 성장하고 꿈을 꾸고 이루는데 큰 차이가 있다.

부모의 역할은 아이의 개인 성향에 따라 문학, 수학, 과학, 미술, 음악, 역사, 지리 등으로 연계 독서 사고력을 키워주는 것이다. 그 연계 독서가 책 읽는 즐거움을 주고 독서 활동을 배로 만든다. 그러다 보면 아이들의 사고력은 넓혀지고 늘어나는 지적 욕구를 채우는 데 도움이 된다. 게다가 토론과 병행한 독서 방법은 아이의 통합적 사고, 논리적 사고가 빠르게 습득된다.

아이들에게는 누구나 다 다른 성향을 가지고 있다. 아이들은 언어 구사 능력, 공간 지능이 뛰어난 능력, 신체적 움직임이 뛰어난 능력, 음악적 음감이 뛰어난 능력, 그림이나 색감이 뛰어난 능력, 탐구하거나 관찰 실험 능력 등에 따라 다르기 때문에 아이들이 지닌 능력을 최대한 발휘하도록 부모가 도움을 주고 이끌어 주어야 한다. 지식의 원천은 아이가 성장하는 데 많은 영향을 끼친다. 개인의 성향에 맞게 독서 방법을 지도하면 개인차에 따라 다르지만 학생들은 흥미와 능력 그리고 학습 속도, 배경 경험이나 지식, 문화 등에서 자신의 잠재력을 최대한 발휘할 것이다.

학년이 높아질수록 언어 구사 능력이나 공간지능 능력, 신체적, 음악적, 미술적 능력은 아이들 마다 다르게 발달되면서 통합적 논리적사고력 또한 다르게 발전한다. 아이들은 각 분야에 따라 자신의 능력과 재능을 발휘하는 데 있어 차이가 나기 때문에 설명된 텍스트를 해독하는 능력에도 차이가 나며 이해의 정도도 차이가 있다. 그래서 부모는 아이들마다 각기 다른 분야의 재능을 가지고 있기 때문에 잘 파악해서 아이가 자신의 능력을 마음껏 발휘할 수 있도록 도와주어야 한다.

과학 분야는 앞에서 언급했듯이 물리, 화학, 지구과학, 생명으로 나누어지기 때문에 분야별 아이가 개인 재능을 살릴 수 있도록 독서 방법의 씨앗을 뿌리고 차츰 나무가 자라서 숲을 만들 수 있게 부모가 함께 민음을 가지고 지켜보는 것이다. 아이들은 지식의 정원을 가꾸면서 꽃과 나무를 심고 숲을 만들고 멋진 자기만의 세계를 만들면서 인문, 사회, 과학, 예술, 문화, 철학 등을 담아낼 것이다. 아이들에게는 세상을 바꿀 경이로운 생각과 아이디어와 창의력이 가득하다. 부모는 아이가 지식을 담아낼 충분한 그릇이 될 수 있도록 그 가능성의 문을 활짝 열어주어야 한다.

아이의 방 안에 있는 책들이 장식의 도서가 아닌 활용할 수 있는 지식의 창고로 만들어 주어야 한다. 아이의 재능에 맞는 독서 방법으로 도움이 되는 책이 있는 서가로 분위기를 바꿔라. 그 책 속에서 기술혁명, 정치혁명, 지식혁명, 예술혁명 등 다양함을 찾아 읽도록 만들어라. 독서는 아이의 삶의 일부분이 되어 과거를 되돌아보고 현재의 문을 통과하면서 미래의 문으로 나아갈 것이다. 독서는 아이를 과거의 거대한 인류의 역사로 과학으로 예술로, 문학으로 그리고 문화와 예술로 또 철학으로 안내하면서 책의 텍스트를 읽어낼 뇌를 만들고 지식을 저장하는 보물창고를 만들어 아이들이 필요할 때마다 꺼내 쓰도록 할 것이다.

아이들의 서재 만들기

매일매일 아이가 자기만의 서재를 드나들게 하는 책벌레가 되게 한다. 책벌레는 책의 냄새를 맡고 그 향기에 취하도록 한다. 황금의 열매와 우주의 신비와 자연의 섭리까지 책을 통해 만나볼 수 있다. 책의 사상, 감정, 꿈, 운명, 색깔, 모양, 냄새, 체온, 친구, 여정 등 그 모든 비밀이 책 속에 숨어있기 때문에 아이가 찾아낼 수 있도록 부모는 아이를 도와야 한다. 부모는 아이가 독서의 즐거움을 발견할 수 있도록 서재의 환경을 종종 바꾸어 주는 것도 좋다. 책 읽기를 밥 먹듯이 하다 보면 좋은 영양분이 아이의 정신을 성장시키고 훌륭한 책 사냥꾼이 되어 자신의 사고력을 키우고 광범위한 독서에 빠져들게 할 것이다.

아이가 서재에서 자신의 재능을 키워나갈 수 있도록 부모는 아이에게 맞는 독서 방법을 만들어 주어야 한다. 책이 빚어낸 신비로운 손길이 서재에 있으며, 사색하고 탐구하는 것도 서재에 있으며, 주옥같은 음악을 연주했던 작곡가도 그리고 아름답고 비밀스러운 그림을 그린 화가의 인생도 서재에 있는 것이다. 계절에 따라 서재에서 책 읽기는 다르게 느껴진다. 부모는 아이와 함께 서재의 분위기를 종종 다르게 연출해 보아라.

향기로운 꽃향기 흩날리는 봄날, 짙은 녹음이 우거지고 매미가 우는 여름날 때로는 장마 빗소리, 온통 형형색색 물들인 자연의 화려한 나뭇잎 흩날리는 가을, 쌩쌩 바람 불며 흰 눈 내리는 겨울날에 지극히 사랑하는 마음으로 서재에 앉아 책을 본다. 책의 향기가 계절의 향기와 어우러지면서 아이를 상상의 세계로 안내할 것이다. 비밀의 요정이 책 속에 숨어 있을 것이며, 아이는 그 비밀의 요정을 찾아내어 해독할 수 있게 한다. 아이의 취향에 맞게 계절마다 변화를 주고 서재를 꾸미는 것은 부모의 역할이며 그 역할도 아이들과 함께 만들어 간다면 더 좋을 것이다.

아이의 지식 보물창고 만들기

아이에게 인류가 생겨나고 세상을 좀 더 편리하고 안전하게 만든 세계 최초의 것들을 찾아보면서 아이 자신은 스스로 어떤 것을 더 발명하고 발견해 내고 싶은지 적어보게 한다. 백과사전이나 도서관에서 자료 찾기 서점에 가서 자료를 찾아보게 한다.

〈1〉 수송차량, 이동 방법(Transport)의 등장을 찾아보고 기원과 기술의 역할을 기록해 본다.

예를 들면)

바퀴 : 바퀴는 기원전 3천 년 메소포타미아 지방에 처음 등장했다. 이후 기원전 이후기원전 2000년경 흑해 연안 스텝지역 유목민들의 이주와 함께 바퀴 달린 마차가 등장했다. 이들이 메소포타미아 지방으로 몰고 온 마차에 조종 가능한 바퀴와 바큇살이 달려있었다. 이후 이들의 바

퀴 제작 기술은 제작 기술 바빌로니아인, 이집트인 페니키아인 ,크레타인, 그리스인, 중국인 등 여러 민족으로 전파되었다. 이후 유럽은 바퀴제작법을 로마제국 시절 기술상 가장 완벽한 형태를 갖추게 됐다. 켈트족들이 정교하게 만든 바큇살의 바퀴출현으로 육상 운송 수단은 급속히 발달했으며, 그 후 바퀴를 단 마차와 전차들이 전 유럽에 걸쳐 80,000킬로미터에 이르는 로마 도로를 질주하였다. 육상 교통수단으로 최고였다. 이후 에어쿠션 출현하기 전까지 운송수단으로는 마차에 대적할 만 한 것은 없었다.

Transport의 등장을 적어도 20개 이상은 적어보고 찾아서 그 유래와 기술의 역사를 기록해 보는 것이 좋다.

〈2〉 도구 및 연장과 발명품(Tool & Invention)의 등장을 찾아보고 그 기원과 기술의 역할을 기록해 본다.

예를 들면)

불 : 불은 인류가 생겨나고 직립보행 가능한 인간이 두뇌와 손을 이용하여 도구를 만들고 불을 사용했다. 그리스신화에 따르면 인류에게 최초로 불을 사용하게 해 준 이는 프로메테우스다. 실제로 최초로 불을 사용하기 시작한 인류는 피테칸트로푸스이다. 1891년 네덜란드의 인류학자 외젠 뒤부아가 자바섬 트리닐에서 피테칸트로푸스의 흔적을 처음

발견했는데 이것이 바로 유명한 자바인원이다. 호모사피엔스의 조상인 피테칸트로푸스는 50만 년 전부터 원시 도구를 제작했으며 분명히 불도 사용했다. 불을 피운 흔적은 없으나 자연 발생한 불을 보존한 차원에서 그친 듯하다. 10만~3만 5000년 전 구석기 중기부터 인간이 불을 피우는 법을 터득했다는 점은 의심의 여지가 없다. 그들이 사용했던 방법은 가장 원시적인 기술인 마찰과 충돌을 이용한 것이다.

Tool & Invention도 마찬가지로 20개 이상 적어보고 찾아서 그 유래와 기술의 역할을 기록해 보는 것이다.

〈3〉 글쓰기와 종이(Write&paper)의 유래와 기술 역할은 인류를 어떻게 발전시켜 왔는지 조사하여 기록해 본다.

예를 들면)

인쇄술 : 분리 활자를 이용한 최초의 인쇄술은 1041~1048년 사이 중국의 필승들에 의해 발명되었다. 이들은 점토와 아교를 섞어 구워낸 활자를 사용했다. 이후 나무, 칠보, 금속 등이 점토와 아교를 대신했다. 이후 1317년 한국에서 납으로 주조된 최초의 분리 활자가 등장했다. 1403년 태종의 명을 받들어 활자가 양산되었다. 이 기술은 서양에는 전혀 알려지지 않았다. 유럽 인쇄술의 선구자 구텐베르크는 납을 주성분으로 하는 활자의 유입식 주조법을 고안해 냈다. 1405년부터 마인츠에서 여

러 차례 실험을 거친 후 구텐베르크는 이 기술을 이용해 42행짜리 성서를 찍어내기도 했다. 이후 1469~1460년 사이 전쟁으로 마인츠에서 쫓겨난 인쇄업자들은 파리로 갔다. 콜마르의 미셸 프리뷔르제, 콘스탄츠의 윌리히 게링, 슈타인의 마르틴 그란츠 등은 장드라 피에르, 기욤 피셰의 도움을 받아 프랑스 최초의 인쇄소를 설립했다. 영국에서는 1497년 최초로 인쇄소의 문을 열었다. 그 후 1885년 자동식자기 라이노 타이프. 1887년 모노타이프가 각각 완성되었다. 1953년 뉴욕에서 인쇄공 티머시 골이 르네 히고넷과 루이 모이로우드가 공동 개발한 사진식자기를 이용해 〈아름다운 곤충의 세계〉를 찍어냈다. 지난 50년간 군림해오던 쿠텐베르크의 금속활자를 종식시킨 획기적인 발명품이라 점에서 이 사진식자기의 출현은 혁명적이라 했다.

Write&paper도 마찬가지로 인류의 새로운 혁명을 가져다준 최초의 것들을 조사하여 20개 이상 찾아보고 기록해 보는 것도 지식을 쌓아두는 보물 창고가 될 것이다.

〈4〉 건강, 의료와 의학술(Health&Medicine)의 최초의 것들은 인류에게 어떤 기술의 역할을 했는지 그 유래를 찾아보면서 그런 발견과 발명은 인류를 어떻게 병마로부터 구해냈는지 알아보는 것이다.

예를 들면)

미생물 : 17세기 네덜란드의 포목상 안톤 반레벤후크는 확대경을 들여다보는 것에 흥미를 가져 현미경 렌즈를 발명했고 ,실과바늘에 이르기까지 무엇이든 다 관찰했다. 그 결과 그는 미생물, 효모균, 혈구 등을 발견하게 되었다. 이 공로를 인정받아 레벤후크는 박물학자로 또 영국왕립협회 회원으로 천거된다. 그로부터 200년이 지난 후 프랑스의 파스퇴르는 미생물이 자연 과정에서 이러한 미생물이 얼마나 중요한 역할을 하는지 증명해 보였다. 파스퇴르는 미생물학의 신기원을 연 셈이다. 그로 인해 우선 방부처리를 통한 와과수술이 가능해졌으며, 당시 프랑스 양잠업의 피해를 입은 누에고치 병과 양류 동물의 희생을 몰고 온 탄저병을 예방하는 시약을 만들었다. 이후 파스퇴르가 이미 오래전부터 예상했던 대로 인류에게 큰 피해를 입힌 기생충 병균의 원인이 드러나기 시작했다. 1878년 보건성에 근무하던 샤를르세디요는 모든 병원균을 '세균 혹은 미생물' 이라 명명하고자 제안했다. 파스퇴르는 관계 기관과 협의하여 그 명칭을 채택하였다.

Health&Medicine도 마찬가지로 인류의 새로운 시대를 열고 병마와 건강을 어떤 최초의 발명과 발전들이 해결했는지 알아본다. 그리고 더 안정된 생활수준으로 수명을 연장시켰는지 조사해 보고 찾아보면서 그 유래와 기술의 역할을 20개 이상 기록해 보는 것이다.

〈5〉. 음식. 식품과 음료와 마실 것(Food&Drink)은 어떻게 인류를 편안하고 더 건강한 요리로 발전시켰는지 그 유래와 그 기술의 역할을 기록해 보면서 특히 요리에 관심 있는 아이는 자신만의 보물창고에 지식을 쌓아둔다.

예를 들면)

빵 : 신석기시대 가장 흔한 음식 형태는 걸쭉한 죽 아니면 뜨거운 돌 위에 올려진 둥글넓적한 전병 같은 것이었다. 종종 우연한 결과가 새로운 것을 만들어내기도 한다. 빵은 자연이 내린 우연한 산물이다. 고대 히브라인들이 무심코 밀반죽을 내버려 두었다가 몇 시간 후에 부풀려진 반죽을 구워 전병을 만드니 전보다 훨씬 맛이 좋았다. 부풀려진 효모빵이 탄생하여 빵은 고대 인류에게 생명과 같은 존재였다. 이때부터 빵은 육체와 영혼의 음식으로 눈으로 볼 수 있는 모양을 지닌 생명으로 여겨져 왔다. 빵은 수많은 곡물 알갱이들의 결합의 상징이며, 또 이를 나누어 먹는 행위는 한 공동체의 결속과 단합을 의미한다. 고대 이집트인들은 빵에 이스트를 첨가하는 제빵법을 최초로 창안했고, 이후 빵은 고대 그리스를 거쳐 로마시대에 황금기를 맞이하게 된다. 더 맛있는 빵을 만들기 위해 그리스인들은 화덕을 발명해 냈다, 그래서 그리스인들은 집집마다 화덕을 두었으나 관리 부주의로 화재가 자주 일어났다. 이런 화재가 계속 일어나자 개인용 화덕이 아닌 공동 화덕을 만들어 이용했다. 최초의 빵집도 그리스인들에 의해 시작됐다, 그리스 시대 빵의 종

류는 72가지가 넘었으며 향을 첨가하여 맛의 풍미를 살렸다. 그리스 빵이 유명세를 타자 로마인들은 거액을 주고 제빵업자를 데려왔다. 기원전 10 경 아우구스투스 황제 치하에 로마에 상주하던 그리스 제빵 수는 329명으로 추정했다. 로마인들이 골 지방을 점령하면서 화덕과 제분기가 처음 전해졌다. 1세기 들어 제빵업자들의 조합이 등장했다. 그 후 17세기 후반 파스퇴르 효모가 빵을 더 쉽게 만들 수 있게 했다. 한국에서 빵의 최초는 1890년대 외국 문물 전파로 외국 선교사들에 의해 '정동구락부' 에서 '면포' 라고 하는 빵과 '설고'라는 카스테라가 만들어졌으며, 6.25전쟁 이후 밀의 수입으로 소규모 제과점이 생기고, 1960년대부터 빵을 대규모 생산하기 시작했다.

Food&Drink도 또한 인류의 새로운 혁명을 가져다준 것임에 틀림없는 사실이다. 이 혁명의 음식과 음료의 유래와 기술이 역할을 찾아보고 조사하여 어떤 것들이 있는지 20개 이상 기록해 보면 좋을 듯하다. 수많은 향신료와 채소와 곡물 그리고 음료들이 가득할 것이다. 그러한 음식과 음료는 여전히 존재하고 있다는 사실을 발견하게 되면서 일상의 식탁에 놓인 것을 보고 새롭게 느끼면서 감사하는 마음이 생길 것이다.

〈6〉 의류와 장식품(Clothes&Decoration)은 인류에게 어떤 의미와 아름다움과 편리함과 멋을 안겨다 주었는지, 그 발명품과 발견을 찾아보고 조사하여 그 유래와 기술의 역할을 알아보고 기록한다.

예를 들면)

나일론 : 나일론은 인류가 만들어 낸 100가지가 넘는 합성섬유 가운데 나로 1937년 하나로 미국의 유기화학자 월러스 캐러더스가 발명하여 뒤퐁사 등록한 상표명이다. 하버드대 유기 화학 강사였던 캐러더스는 뒤퐁사의 중앙 연구소로 자리를 옮겨 연구를 진행하던 중 이 합성섬유를 발견했고, 이를 제품으로 생산한 것이 바로 나일론이다. 나일론은 석탄, 물, 공기를 기본 재료로 합성한 것으로 시판 당시 "거미줄보다 가늘지만 철선보다 질기다." 라는 광고로 전 세계인에게 인기였다. 생산 초기 여성용 스타킹에서 시작하여 그 이후 영역을 확대하여 여성 의류 제품 전반에 사용했다. 나일론 발명은 인류의 의류사를 뒤바꿀 만한 혁명적이었다. 나일론 발명 당사자는 이런 혁명적 계기를 보지 못하고 1937년 사망했다.

Clothes&Decoration은 과히 인류의 혁명을 가져다준 것은 사실이다. 의류에서 의류 도구, 장식품 등은 아름다움과 편리함과 멋을 부리는 데 있어 많은 것들을 제공해 주었다. 패션의 트랜드화를 가져다준 이 최초의 발명과 발견은 세계인을 열광시켰다. 패션의류나 디자인, 세공 디자인, 보석 등 이런 방면으로 재능이 뛰어난 아이는 이런 인류의 혁명을 가져다준 것들을 찾아보고 기록하여 본다. 자신의 전공분야로 향한 시초이며 지식을 쌓아가는 보물 창고를 충분히 만들 수 있을 것이다.

〈7〉 관습과 기원이나 근원(Custom&Origin)은 인류를 위해 어떤 가치와 역사적 사건과 자본을 축적하게 했는지 그 최초의 것들을 좋아하고 밝혀봄으로써 그 유래와 기술의 역할을 기록해 본다.

예를 들면)

화폐: 근대 지폐의 기원은 중세시대 은행가들이 예금자에게 발행해 주던 기명영수증, 그리고 1587년 베니스에서 고안되어 통영되던 어떤 문서의 뒷면에 글씨를 써서 서명한 양도성 영수증 같은 것이다. 이 시기에 실제적인 양도 배서에 의해 지폐의 활용이 확대되고 있었다는 것을 알 수 있다. 그러나 제대로 된 화폐는 1656년 설립된 스웨덴 스톡홀름의 릭스방크다. 이후 1694년 영국은행이 지폐를 발행했다. 프랑스에서는 1701년 루이14세가 처음으로 지폐를 유포했다. 1800년 1월 18일에 설립된 프랑스은행은 1803년 4월 13일에서야 비로소 조폐권을 부여 받았다.영국과 프랑스는 역사적으로 사회적 혼란을 겪고 난 후 세워졌지만 오늘날까지 여전히 가장 안전한 예금을 맡길 수 있는 상징적 기관이 되었다. 돈을 뜻하는 영어 머니 〈money〉는 주노 여신에서 유래되었다. 주노는 라틴어로 'Juno Moneta' 라 불리었다.

Custom&Origin은 점성술에서 별의 움직임, 지구의 역사, 음악, 미술, 도시, 은행, 주식거래 등등 수많은 발명과 발견을 통해 인류에게 엄청난 발전을 거듭하게 했다. 이러한 최초의 것들이 있었기에 인류는 끊임

없이 더 새로운 것들이 발전해 나가고 있는 것이다. 자본의 축적, 자본주의, 예술가의 경지, 오락 등 다양한 것들이 생겨나고 인간에게 즐거움과 고통을 동시에 선사하기도 했다. 은행, 증권거래소. 영화, 작가, 예술가. 호텔리어, 사업가 등이 꿈이라면 이런 분야의 발명과 발견을 찾아보면서 자신의 재능을 키워라. 더 많은 정보와 새로운 것들을 찾아 나서면 금광 같은 보물창고에서 자기에게 해당되는 지식을 찾아 기록해 볼 수 있을 것이다.

앞에서 예를 들어 본 7가지 분야별 종류들의 보물창고 지식이 궁금하다면 모두 조사해 봐도 좋고 그렇지 않다면 아이 자신이 관심 있는 분야의 것들만 찾아보고 조사해서 기록해 보면 되는 것이다. 참고로 이 종류의 분야 별 조사는 다른 기록 노트를 따로 만들어 '꿈을 향한 기록장'으로 하면 더 좋을 것 같다. 아이들의 지식 보물창고는 부모가 함께 도와주면서 아이 스스로 찾아내고 그 기쁨과 즐거움을 맛볼 수 있게 하는 것이다. 아이가 천재이길 바라기 전에 부모가 아이와 함께 아이가 원하는 것을 찾아 재능을 개발해 준다면 아이는 99%의 노력과 성실성으로 성공할 것이다. 아이들이 두려움 없이 현실을 받아들이고 도전하면서 미래를 향해 나아갈 수 있을 때 그 보물창고 안에 쌓아 둔 지식과 정보들은 빛을 발할 것이다.

아이들은 용기와 신념을 가지고 스스로 뭔가를 찾고 발견해 내고 발명해냄으로써 자신들도 인류에 대한 새로운 것들을 향해 창의성 있는 아이디어를 꺼낼 수 있을 것이다. 그러면서 해당 분야의 책을 찾아서 읽게 되면 단순했던 지식은 더 깊이 있는 지식으로 쌓여질 것이다.

선한 삶에서 생각하는 지혜가 길러진다

누구에게나 선한 삶은 다양한 아름다움을 지니고 있다. 사람은 선한 생각으로만 살아가기가 굉장히 어려운 것이다. 그러나 최대한 나쁜 생각은 버리고 좋은 생각을 길러낸다면 자신의 생각대로 선한 삶을 살아갈 수 있다. 그 선한 삶 속에서 지혜와 용기가 생기고 남을 배려하는 다정함이 생겨나고 올바른 판단력이 생겨 성공과 자유를 누릴 수 있는 환경이 만들어지는 것이다. 정원사는 늘 정원을 아름답고 멋지게 가꿔서 즐거움을 선사한다. 그는 불순한 생각 같은 잡초를 제거하고 쓸데없는 풀을 뽑아버리면서, 정원에 남아 있을 순수하고 선한 것들만 남겨지기를 바란다. 그래서 아름답고 멋진 정원을 탄생시키기 위해 가시덤불을 제거하고 잡초를 뽑아내는 일을 게을리하지 않는다. 정원사는 선한 마음으로 정원을 성심성의껏 노력으로 가꾼다. 이처럼 아이들도 순수한 생각으로 선한 삶 속에서 새로운 창의성과 아이디어가 싹트게 되고, 새로운 것을 발명하고 발견하는 지혜를 가질 수 있는 것이다. 아이들은 올바르고 선한 생각에서 자제력, 순수성, 결단력, 용기, 의로움이 생겨나게 되는 것이다.

마음이 선한 아이는 고요함을 지니고 지혜가 쌓이면서 아름다운 보석으로 거듭날 것이다. 선한 생각이 지속적인 아이는 순수한 믿음 속에서 긍정적 사고가 생겨나고, 하늘의 먹구름이 사라진 뒤 반드시 빛나는 태양이 떠오른다는 것도 알고 있다. 선한 아이는 고귀한 영감과 이타적인 사랑으로 가득 차 있으며, 건강한 힘, 자신의 개발하는 힘, 성공하는 힘까지 지니고 있을 것이다. 행운을 바라지 않고 땀 흘려 노력하는 성실한 아이에게 선함은 서서히 밝아지면서 빛나는 보석처럼 나타날 것이다.

선함을 지닌 아이는 강인하고 활력이 넘치는 삶으로 성장하여 정의롭고 공정하며, 성실과 친절이 습관처럼 몸에 배어 성공을 향한 밑거름이 될 것이다. 아이가 대담한 용기와 정직한 성품을 지니다 보면 겸손해지고 늘 신중한 태도를 지니고 겸허한 마음가짐으로 배우려 할 것이다. 마음이 선한 아이는 생각의 폭이 넓어지고 보다 넓은 사고 의식을 지니고 수준 높게 성장할 것이다. 그러기 위해서는 시간을 정해놓고 항상 매일매일 명상하는 태도를 길러라. 명상은 인간의 마음을 고양시키고 순수한 정신과 선한 마음을 갖게 하며 두려움으로부터 벗어나 자유를 얻고 마음의 평화를 주게 된다. 자라는 아이들에게는 명상하는 태도를 길러주는 것도 정서적으로 안정감을 가질 수 있어 좋다고 본다.

벤자민 프랭클린이 실천한 덕의 기술 13가지

1. 절제(Temperance) : 과식과 과음을 삼가라.

2. 침묵(Silence) : 타인과 자신에게 이로운 것 외에는 말을 삼가고, 쓸데없는 대화는 피해라.

3. 질서(Order) : 모든 물건은 제자리에 정돈하고, 모든 일은 정해진 시간을 지켜라.

4. 결단(Resolution) : 해야 할 일을 하기로 결심하고, 결심한 일은 반드시 행해라.

5. 절약(Frugality) : 타인과 자신을 이롭게 하는 것 외에는 지출을 삼가고, 낭비하지 말자.

6. 근면(Industry) : 시간을 헛되이 쓰지 말고, 항상 유익한 일을 행하며, 필요 없는 행동은 하지 말라.

7. 진실(Sincerity) : 남을 일부러 속이려 하지 말고, 순수하고 정의롭게 생각하라. 말과 행동이 일치하게 하라.

8. 정의(Justice) : 남에게 피해를 주거나 응당 돌아갈 이익을 주지 않거나 하지 말라.

9. 중용(Moderation) : 극단을 피하고, 원망할 만한 일을 한 사람조차 원망하지 말라.

10. 청결(Cleanness) : 몸과 옷차림, 집안을 청결하게 하라.

11. 칭찬(Tranquility) : 사소한 일, 일상적인 사고 혹은 불가피한 사고에 불안해하지 말라.

12. 순결(Chastity) : 건강이나 자녀 때문이 아니면 지나친 남녀 관계는 삼가라, 특히 감각이 둔했거나, 몸이 약해지거나, 자신과 타인의 평화와 평탄에 해가 될 정도까지는 절대 하지 말라.

13. 겸손(Humility) : 예수와 소크라테스를 본 받으라.

이러한 13가지 덕목을 프랭클린은 스스로 세워 더 나은 사람이 되고자 했고 나쁜 습관을 제거하고 좋은 습관을 습득하고자 했던 것이다. 특히 남을 비난하는 습관은 정원에 자란 잡초와 같이 마음에 해로운 독초로 자라나기 때문에 애초에 뽑아서 없애는 것이 유익한 것이다. 불평하고 비판하는 것은 다른 사람에게 존경심을 잃게 되는 것이다. 부모는 아이들에게 부정적인 잡초가 자라나지 않도록 신경 써야 한다.

행복한 뇌는 학문의 즐거움을 안다

1. 가장 중요한 뇌에게 행복을 주자.

현대는 아이들도 부모들도 바쁘게 살아가는데 정신이 없다. 아침부터 저녁까지 분주히 움직이고 열심히 살아가는 것 같아도 막상 잠자리에 들려고 보면 하루의 일과로 힘들고 피곤할 뿐 하루를 위해 최선을 다했는지도 의문이 든다. 그러다 보니 불만이 생기는 경우가 많다. 아이들은 이것저것 배우고 생각하고 또 부모는 나름대로 일 처리에 이런저런 생각으로 근심이 생기다보니 자신의 일 처리를 제대로 할 수 있게 도와준 뇌에게 고마움을 느끼지 못한다. 뇌에게 "넌 참 오늘 나를 위해 정말 많이 고생하고 많은 일 처리를 잘 하게 도와줘서 너무나 감사해." 라고 인사한 사람은 과연 몇이나 될까?

뇌는 우리 신체에서 가장 많이 신경 써야 하는 것이다. 아침의 뇌는 온도가 내려가 있기 때문에 아침 식사는 따뜻한 국물이나 수프로 온도를 제공해 주어야 한다. 하루 종일 아이들은 공부하고 어른들은 일을 하기 때문에 아침에 영양을 고루 제공해 주는 뇌는 종일 행복해한다. 아이들도 부모들도 체력과 두뇌의 피로를 덜어주기 위해 단백질을 공급해 주고 충분한 수분을 공급해 주면서 때때로 뇌의 휴식을 위해 명상을 하는 것이 좋다. 자라나는 아이나 종일 일에 치우친 부모들을 위해 뇌에게 단백질인 육류를 제공하는 것은 뉴런이 정보 전달을 하는 데 있어 중요한 역할을 하기 때문이다. 뇌를 행복하게 만들어 주는 것은 자신 스스로가 뇌를 향한 감사와 애정이 있어야 한다. 뇌에 애정이 있어 식사나 수면 때 좋은 것을 공급하고 감사함을 표한다면 뇌는 아주 즐거워하는 비명을 지를 것이다. 만약 뇌에게 해로운 음식이나 가공된 음식을 제공한다면 뇌는 화가 나서 그런 사람에게 좋은 영향을 주지 않고 나쁜 일이 일어나게 만들 것이다. 자신에게 소중한 뇌를 행복하게 한다면 뇌 또한 행복을 전달해 주는 좋은 일이 가득할 것이고, 자신의 뇌를 구박하고 불만하고 투덜거리면 뇌는 부정적인 일과 해가 되는 일만 자꾸 일어나게 만들 것이다.

뇌를 소중히 여기고 감사히 생각하면서 영양소가 많은 음식을 고루 제공하면 뇌 활동은 행복해하면서 신생 뉴런 수가 늘어나면서 기억력과 사고력 그리고 창의성과 새로운 아이디어를 샘솟게 할 것이다. 또 나쁜 기억들은 지워지게 하고, 좋은 기억, 행복한 기억을 저장하게 할 것이다. 뇌는 행복을 느낄 때 활발하게 움직이면서 더 많은 좋은 것들을 이룰 수 있게 도움을 줄 것이다. 뇌를 더 행복하게 해주기 위해서는 반드시 운동을 해줘야 한다. 뇌도 땀을 뻘뻘 흘리고 움직이는 것을 좋아한다. 부모와 아이는 뇌를 위해서 매일매일 시간을 정해 놓고 트레이닝을 하는 것을 잊어서는 안 된다. 그러면 뇌는 더 활발하게 움직이고 더 많은 것들을 처리할 수 있게 해준다. 이렇게 뇌를 움직여 주고 영양을 공급해 주면서 감사함을 잊지 않을 때 뇌는 창조하는 사고력을 키워줄 것이다 반면 뇌를 나쁜 상태로 방치한다면 아이들의 논리적 사고력도 저조하고 학습이나 일하는 데 있어서 능률이 떨어진다고 볼 수 있다. 누구나 다 아는 사실로 뇌의 피곤 상태에서는 일 처리나 학습능력이 떨어진다는 것은 경험해봐서 알 것이다.

뇌의 상태가 최상일 때 번뜩이는 아이디어도 생기는 것이다. 그 번뜩이는 아이디어를 수첩에 메모한 후 다시 보거나 읽으면 뇌는 '기억'으로 보존되어 일을 성공적으로 처리해 주는 경우가 많다. 행복한 뇌가 그 번뜩이는 아이디어를 떠오르게 해주었을 때 아이들이 잊지 말고 해야 할 것은 바로 메모를 해두는 것이다. 메모하는 것은 정말 중요한 것이다. 레오나르도 다빈치는 메모 수첩이 있었기에 그는 위대한 화가를 넘어 문학, 수학, 과학까지도 연결 지어 창조의 비밀을 생생하게 담아내지 않았을까? 한다. 아이들에게도 레오나르도 다빈치처럼 창조의 비밀을 만들어주기 위해서는 아이들의 적당한 운동은 뇌에게 즐거움을 주고 번뜩이는 아이디어를 떠오르게 해주기 때문에 필요하다고 본다. 그러면서 걷거나 뛰면서 산책길의 신선한 공기를 쐬고 때때로 클래식음악을 들려주면 뇌는 스트레스 호르몬을 줄여주고 피로감을 덜어준다. 그러다 보면 아이는 절로 마음이 즐겁고 행복해지는 기분이 들 것이다.

2. 행복한 뇌는 학문하는 것도 즐거워한다.

자연 속에서 싱그러운 숲의 향기를 맡고, 푸른 바다의 흰 파도를 바라볼 때 뇌는 행복해한다. 매 순간 도시에서는 그런 자연을 접할 수는 없지만 때때로 부모와 함께 산으로 들로 바다로 캠핑을 가거나 여행을 갈 때 아이들의 뇌는 행복으로 가득하다. 그런 행복한 시간을 맛본 후 집에 돌아왔을 때 뇌는 행복해하며 공부하는 즐거움과 학문하는 즐거움을 선사한다. 창조의 기쁨은 배우고 학문하는 데서 오는 것이라 생각한다. 뇌가 스트레스를 받더라도 다시 스트레스로부터 회복되어 탄력성을 가질 수 있도록 자연에서 시간을 보내면서 명상을 하거나 신체를 움직여라. 항상 감사함을 잊지 않고 선한 마음으로 친절을 베풀고 타인을 돕고 건강한 식습관을 가진다면 지혜가 쌓이고 공부를 하거나 깊이 있는 학문을 할 때 기쁨은 배가 될 것이다.

부모와 아이가 잠자리에 들기 전에 성찰의 시간을 가지고 감사하는 마음으로 뇌에게 행복을 준다면 특히 아이들은 정서적으로 안정되고 독서하는데 있어서도 방해되는 나쁜 부정적인 생각에서 벗어나게 될 것이다. 정서적으로 안정감 있는 독서는 배움과 깊이 있는 학문을 하도록 도와준다. 그러면서 자신의 재능에 맞게 독서하는 방법으로 학습하고 배운다면 자신이 원하는 목표가 생기고 목표를 달성하고자 하는 욕구가 생겨날 것이다. 뇌의 입장에서는 아이들이 목표가 뚜렷하고 의지가 강하고 미래를 향해 노력하기 때문에 절로 행복해하면서 학문하는 즐거움을 누릴 수 있도록 밝음의 에너지를 더 많이 제공해 줄 것이다. 그러다 보면 감사하고 행복한 작은 것들이 얼마나 소중한 것인지 스스로 깨닫게 될 것이다. 분명한 것은 행복해진 뇌가 무엇을 하든지 삶의 활력이 넘치고 긍정적 에너지가 생기면서 아이들에게 독서의 힘을 키우게 하고 배우는 데 있어 창조의 기쁨과 넓은 사고력을 갖게 한다는 사실이다.

3. 휴식을 취할 수 있는 뇌는 행복하다

뇌에게 휴식을 취해주는 좋은 습관을 길들이기

전자 장치나 핸드폰을 침실에서 충전하지 않기.
편안한 상태에서 책을 읽거나 음악을 듣다가 잠들기.
잠자기 전에 화를 내거나 나쁜 생각하지 않기.
침실은 쾌적하고 조용하게 하기.

잠자기 전에 아로마 테라피 향 사용하기.

잠자기 전에 어떠한 음료도 마시지 않기.

잠이 오지 않는다고 불안해하지 말고 편안한 상태로 명상하기.

잠자기 전에 반드시 뇌에게 감사 인사하기.

잠자리 들기 전 부모님과 함께 책을 읽기.

잠자리 들기 전 2~3시간 전에 저녁 식사를 마치기.

건강한 삶, 뇌에게 행복을 주는 것, 감사한 마음, 사랑하는 마음. 마음챙김 등은 성장형 사고를 키우고 창의성을 높여주면서 뇌에게 좋은 영향을 미친다. 휴식을 취할 수 있는 뇌는 언제나 행복할 것이다. 다음 날을 위해 활력을 주고 행복하고 긍정적인 에너지를 상승시켜 줄 것이다.

4. 잠재력 에너지를 더 끌어 모으기 위해 독서 외에 더 해 볼 다양한 활동들

뇌를 행복하게 해주는 활동

예 : 악기 연주하기, 수집 활동하기, 그림 그리기, 운동하기, 시 쓰기, 색칠하기, 요리하기 음악듣기, 산책하기

강아지 산책시키기, 노래 부르기, 여행하기, 단어 찾아 게임하기, 지구본수도 찾기, 춤추기, 박물관 방문하기, 공연보기, 영화보기, 물감 칠하기, 친구 만나기, 식물 키우기, 혼자만의 시간 갖기, 서점가기, 사진 찍

기, 큰소리로 웃기

예시 외에 아이 스스로 더 찾아보거나 생각나는 것들을 다음 빈 칸에 적어보도록 하자. 뇌를 행복하게 하는 다양한 활동들은 자기의 관심 분야의 독서와 자연스럽게 연결되기 때문에 아이에게는 많은 영향을 주게 된다. 잠재되어 있는 에너지를 끌어 모아 독서와 학습을 깊이 있게 이해하도록 부모가 도움을 준다면 아이의 논리적 사고력과 창의성은 나날이 풍부해질 것이다. 행복한 뇌를 만드는 것은 아이들 자신과 부모의 사랑과 칭찬이 그 역할을 해 줄 것이다. 현명하고 지혜로운 아이로 성장하기 위해서는 부모의 역할이 가장 중요하다. 왜냐하면 부모는 아이에게 최초의 스승이기 때문이다.

훌륭한 위인들과 위대한 인물들은 부모의 역할이 굉장히 크게 작용했다. 피카소, 에디슨, 찰스 다윈, 모차르트, 뉴턴, 김만중, 유길준, 이덕무, 박규수 등등 이들을 훌륭한 조언자이자 교사 역할까지 해 준 부모나 조부가 있었기에 인류를 위해 과학과 음악과 미술과 문학과 탐험의 세계를 안겨다 준 것이다. 아마도 그들의 뇌는 행복했을 것이다. 부모는 자라는 아이들이 최대한 지혜로운 사람이 되도록 그 능력을 발휘하도록 이끌어주어 한다. 아이들이 지적 능력을 높이고 지식과 정보를 얻고 공부하고 배우는 것에 있어 조언자로서 부모의 역할이 얼마나 중요한 것인지 기억해둬야 한다. 아이들의 원대한 목표가 이루어지도록 부모가 힘껏 응원해주고 격려해 줄 때 갈매기 조나단처럼 더 멀리 더 높이 날아오를 것이다.

생각을 움직이는 초등생 독서 방법

초판 1쇄 발행 | 2024년 5월 10일

지은이 | 오정심
펴낸이 | 김지연
펴낸곳 | 마음세상

주소 | 경기도 파주시 한빛로 70 515-501

출판등록 | 제406-2011-000024호 (2011년 3월 7일)

ISBN | 979-11-5636-540-2 (03590)

원고투고 | maumsesang2@nate.com

* 값 14,500원